面向新型电力市场的新能源功率预测技术及算法应用

史 洁 高 捷 刘宝勇◎著

知识产权出版社
全国百佳图书出版单位
—北 京—

图书在版编目（CIP）数据

面向新型电力市场的新能源功率预测技术及算法应用 / 史洁，高捷，刘宝勇著. --北京：知识产权出版社，2025. 4. --ISBN 978-7-5130-9911-0

Ⅰ. TM7

中国国家版本馆 CIP 数据核字第 20258HS841 号

内容提要

本书深入分析了风力发电和光伏发电的功率特性及其预测技术。书中涵盖了多种前沿的预测模型和算法，如基于核密度估计与 CatBoost 算法的光伏功率预测方法、基于多重归因和时间卷积网络算法的风电功率预测模型等。此外，还探讨了风光储系统的容量优化配置及其在不确定性分析中的应用。通过多个案例分析，验证了这些技术在提高新能源功率预测精度和储能系统容量配置中的实际效用。

本书适合新能源发电、智能电网、可再生能源优化调度等领域的科研人员、电力工程师，以及对新能源功率预测技术感兴趣的高等院校研究生及相关专业人士阅读。

责任编辑：刘 翯　　**责任校对**：王 岩
封面设计：邵建文 马倬麟　　**责任印制**：孙婷婷

面向新型电力市场的新能源功率预测技术及算法应用

史 洁 高 捷 刘宝勇 著

出版发行：	知识产权出版社有限责任公司	网　　址：	http://www.ipph.cn
社　　址：	北京市海淀区气象路 50 号院	邮　　编：	100081
责编电话：	010-82000860 转 8119	责编邮箱：	liuhe@cnipr.com
发行电话：	010-82000860 转 8101/8102	发行传真：	010-82000893/82005070/82000270
印　　刷：	北京九州迅驰传媒文化有限公司	经　　销：	新华书店、各大网上书店及相关专业书店
开　　本：	787mm×1092mm 1/16	印　　张：	6.5
版　　次：	2025 年 4 月第 1 版	印　　次：	2025 年 4 月第 1 次印刷
字　　数：	85 千字	定　　价：	89.00 元

ISBN 978-7-5130-9911-0

前　言

随着全球能源需求的不断增长以及环境保护的迫切需求，清洁能源的开发和利用成为全球应对气候变化和能源危机的重要举措。风能和太阳能是近年来可再生能源的两大标志性代表。然而，由于风力发电（风电）和光伏发电（光伏）的高效间歇性、随机性和不可控性，其输出功率的预测代价极大，这给电网的稳定运行和新能源的利用带来了不小的困难。因此，如何有效提高风电和光伏的功率预测精度，成为当前能源电力领域研究的重要课题。

新型电力市场的建立，为风电、光伏等新型电力系统的大规模接入提供了政策支持，但这也对发电量的精准预测提出了更高的要求。传统的预测模型由于无法充分考虑天气、环境及设备运行状态等时序参数，预测结果往往存在增大的偏差，难以满足新型电力市场对预测精度的要求。因此，需要研究和发展更加先进的电力预测技术，以适应电力市场的需求。

本书以新能源电力预测技术及算法应用为研究重点，系统地分析了风电、光伏的电力特性及其预测技术。首先，书中详细探讨了风电和光伏电站的电力特性，提出了基于气象因子的输出功率特性分析；针对风电功率预测，介绍了多种建模技术，包括基于缺失数据多重归因填补和时间卷积网络（TCN）相结合的预测框架，展示了该模型预测的可靠性；针对光伏发电，提出了一种结合核密度估计（KDE）和 CatBoost 算法的功率预测模型，并通过实验验证了该模型在提升精度预测方面的有效性。其次，本书还深入探讨了基于新能源电力预测的风光储系统容量优化配置问题。通过对风电、光伏功率预测结合非分配特性进行动态寻优，提出了一种非参数核密度估计（NKDE）与高斯混合模型（GMM）的联合分配方式，在提高预测精度的同时，优化了储能系统的配置方案，实现了经济性与稳定性的平衡。最后，本书针对新能源电力预测的实际应用场景，结合不同天气条件下的算例分析，验证了所提模型和算法在实际工程中的有效性和适用性。

本书通过对风电、光伏功率预测技术及算法的深入探讨，不仅为本领域的研究人员提供了相关理论支持，也为电力系统工程师在实际应用中提高新能源功率预测精度、优化备用系统配置提供参考。总之，随着新型电力市场的不断发展，新能源功率预测技术及其应用将在推动清洁能源的广泛利用和提高电网稳定性方面发挥越来越重要的作用。

目　录

第 1 章

风电光伏场站输出功率特性

1.1　风电输出功率特性分析

1.1.1　风能资源潜力评估

风是由空气在海上或陆地上等地球表面的自然流动而引起的。具体地说，地球自转过程中，太阳散发出的热量被陆地和水面不同程度地吸收，暖空气上升，冷空气流动过来取代它，从而产生风。风能是一种清洁的可再生能源。在当今能源形势下，大量化石燃料发电厂以温室气体排放的形式造成污染，对环境构成了不利的威胁，从而导致了全球变暖、酸雨和气候变化等问题。因此，清洁发电越来越受到关注。其中，风力发电技术近几年发展迅速，技术较为成熟。从长期经济性角度来看，对风电场选址所在地风能资源的潜力评估成为一项关键技术。风能资源潜力评估指的是对待评估区域长时间的风能资源气象参数进行分析的过程，分析与处理当地的气温、风向风速、空气密度与气压等观测参数，对年可利用小时数与风功率密度等参数进行估算。大量的数据测量会带来更高的准确性。对于微观选址和中尺度建模，要求依靠高分辨率的数据来准确分析风资源潜力。如果测风位置选择合理，可以做到以最少的投入实现最大的价值，这就是测风位置选择的意义所在。

1.1.2　风力发电潜力计算方法

实时、准确的风电功率计算是保证大规模风电安全并网的关键。本节研究三种实时计算方法计算风力发电潜力。数据获取阶段：在 MERRA 获取全国各省份的再生气象数据，从中截取 10 m 处风速。根据国家发展和改革委员会发布的《可再生能源产业发展指导目录》，设置风机额定功率为 2 MW，风机直径为 99 m，风机额定风速为 13 m/s，风轮的功率系数为 0.5，实际风机安装海拔为 80 m。根据风切变幂律公式，得到 80 m 处风速 V_2：

$$V_2 = V_1\left(\frac{Z_1}{Z_2}\right)^{\alpha} \tag{1-1}$$

式中，α 为风切变指数，本节均取 0.6；Z_1 为原高度（m），在本节中为 10 m；Z_2 为所求风速处的高度（m），在本节中为 80 m；V_1 为 Z_1 高度处的风速（m/s）；V_2 为 Z_2 高度处的风速（m/s）。

三种实时潜力计算方法如下。

方法一：

考虑风机的切入风速 V_{ci}、切出风速 V_{co} 和额定风速 V_r。风电场有功出力 P_W 与风速的关系满足：

$$P_W = 0,\quad V < V_{ci} \text{ 或 } V > V_{co} \tag{1-2}$$

$$P_W = P_{WR}\frac{V - V_{ci}}{V_r - V_{ci}},\quad V_{ci} \leqslant V \leqslant V_r \tag{1-3}$$

$$P_W = P_{WR},\quad V_r < V \leqslant V_{co} \tag{1-4}$$

式中，P_{WR} 为风电场额定功率（W）；V 为风速（m/s）。

式（1-3）的拟合计算方法正确率不高，因此当风速处于切入风速和额定风速之间时，采用式（1-5）进行计算。将风速 V 代入公式，得到单个风机的功率 P：

$$P = \frac{1}{2}C_P A\rho V^3 \tag{1-5}$$

式中，C_P 为风轮的功率系数；ρ 为空气密度（kg/m³）；A 为风轮扫掠面积（m²），计算方法如下：

$$A = \pi R^2 \tag{1-6}$$

式中，R 为风轮半径（m）。

假定所有风机额定功率均为 2 MW，风机个数 N 通过潜在发电量 W 模拟得出：

$$N = W / 2 \tag{1-7}$$

则各省份考虑风机个数后的实时发电功率 P_N 为

$$P_N = \frac{1}{2} N C_P A \rho V^3 \tag{1-8}$$

方法二：

不考虑切入风速、额定风速和切出风速，默认风机在所有范围的风速下发电。将风速代入式（1-5）计算，其余计算细节与方法一相同。

方法三：

年实际发电潜力 Q 可表示为

$$Q = WT \tag{1-9}$$

式中，W 为年平均功率（W）；T 为年可利用小时数（h）。

为了精确表示此种算法，年可利用小时数 T 采用潜在发电量和技术可开发量的比值测得：

$$T = Q_1 / Q_2 \tag{1-10}$$

式中，Q_1 为潜在发电量（kW・h）；Q_2 为技术可开发量（kW・h）。

W 采用平均思想算得。首先计算出瞬时风功率密度 w，公式如下：

$$w = \frac{1}{2} \rho V^3 \tag{1-11}$$

年平均风功率密度 w_a 为

$$w_a = \left(w_1 + w_2 + w_3 + \cdots + w_n\right) / n \tag{1-12}$$

式中，n 为一年内取样点所取时刻个数。

最后，W 的计算公式如下：

$$W = w_a C_P A \tag{1-13}$$

1.2 光伏输出功率特性分析

1.2.1 太阳能资源潜力评估

太阳每时每刻向地球辐射能量，是地球与大气系统中最重要的能量来源。到达地球表面的太阳能资源通常不易计算，一般用太阳辐射总量和日照时数表征。太阳能是取之不尽用之不竭的。在经济和技术越来越发达的今天，能源作为经济社会发展的动力，作为人类生产和生活的物质资源，其重要性越发突出。这导致在当今能源形势下，各国对化石能源的依赖性越来越强。与此同时，过度开采化石能源不仅导致塌方事故频发，还对开采地的地质有一定的影响。此外，化石能源的燃烧带来的环境污染与人类绿色发展的观念背道而驰。因此，清洁能源的高度利用和配套发电厂的精确建厂成为可再生能源发展的一个重要课题。利用地面辐射观测资料评估一个地区的太阳能资源是最简单直接也最准确的方法，但受限于太阳辐射观测站点的稀缺，观测数据并不能完全满足太阳能资源潜力评估的需求。因此，常用间接方法来计算到达地表的太阳辐射量。

1.2.2　光伏发电潜力计算方法

本节采取了两种方案计算光伏实时出力，并将所得结果转换为年发电量，与国家发展和改革委员会发布的《可再生能源产业发展指导目录》所测算的潜在发电量进行对比，取偏差最小的方法作为该省的光伏实时出力结果。两种方法通过估算一定温度与光照条件下的单块光伏板出力，进一步结合各省所能容纳的光伏板数量的估算值来计算其总体出力情况。两种方法中单块光伏板出力评估方法如下所示。

方法一：

对于可旋转和使用最大功率点跟踪技术的光伏阵列来说，光伏板的功率输出，可以通过比较标准测试条件和一般情况光照条件与温度，并应用美国国家可再生能源实验室开发的 HOMER（Hybrid Optimization of Multiple Energy Resources）软件中的模型计算得出，如式（1–14）所示。

$$Pv_n = Y_V \times \left(\frac{R_n}{R_{STC}}\right) \times [1-\alpha(T_n - T_{STC})] \times (1-\gamma) \tag{1–14}$$

式中，Pv_n 为需要评估的第 n 省份单块光伏组件在一定光照与温度情况下的出力情况（W）；Y_V 为光伏机组的额定功率（300 W）；R_n 为第 n 省份的实际太阳辐射强度（W/m^2）；R_{STC} 为标准测试条件下的光照强度（W/m^2），取 1000 W/m^2；α 为光伏组件的温度系数，取 0.35%/℃；T_n 为第 n 省份光伏组件的实际温度（℃）；T_{STC} 为标准测试条件下的温度（℃），相当于 25 ℃；γ 为光伏阵列的遮挡系数（%），取 10%。

方法二：

考虑到太阳能光伏系统在辐射强度不同时，实际上转换效率是变化值，同时考虑到温度和不同种类光伏组件的影响，如式（1–15）所示：

$$Pv_{i,n} = \eta_i \times S_i \times R_n \times \left[1 - 0.005 \times \left(T_n + 25\right)\right] \quad (1\text{–}15)$$

式中，η_i 为不同辐射强度下第 i 种光伏组件的转换效率（%），i=1 表示单晶硅组件，i=2 表示多晶硅组件，i=3 表示薄膜太阳能电池组件；S_i 为第 i 种组件的面积（m^2）。

要估算省级的光伏实时出力潜力，需将各省总体光伏装机潜力换算为光伏板数量，再与式（1–14）或式（1–15）中计算得出的单块光伏板出力相乘后得出，通过两种方法分别求得的各省光伏出力情况如式（1–16）和式（1–17）所示：

$$PvP_n = A_n \times Pv_n = \frac{P_n}{Y_\text{V}} \times Y_\text{V} \times \left(\frac{R_n}{R_\text{STC}}\right) \times [1 - \alpha(T_n - T_\text{STC})] \times (1 - \gamma) \quad (1\text{–}16)$$

$$PvP_n = \sum_i A_{i,n} \times Pv_{i,n} = \sum_i \left(\beta_i \times \frac{P_n}{Y_\text{V}}\right) \times \eta_i \times S_i \times R_n \times \left[1 - 0.005 \times \left(T_n + 25\right)\right] \quad (1\text{–}17)$$

式中，PvP_n 为第 n 省份的光伏出力潜力（kW·h）；A_n 为第 n 省份可安装的光伏板数量（个），在方法二中由于涉及多种光伏板种类，故 $A_{i,n}$ 为第 n 省份中第 i 种光伏板的数量（个）；P_n 为第 n 省份的总光伏可开发潜力（kW·h）；β_i 为 i 种组件产量占比（%）；$A_n = \frac{P_n}{Y_\text{V}}$ 和 $A_{i,n} = \beta_i \times \frac{P_n}{Y_\text{V}}$ 分别为第 n 省份可安装的光伏板总量（个）和可安装的第 i 种光伏板量（个）。

对应的发电潜力可通过式（1–18）求得：

$$\text{Gen}_n = PvP_n \times t \quad (1\text{–}18)$$

式中，Gen_n 为第 n 省份的光伏发电潜力（kW·h）；t 为时间分辨率（h），即 0.25 h。

考虑到光伏发电往往需要占用大量的土地用以部署光伏板，同时为消除总量上的影响，本节定义发电潜力密度为各省年光伏发电潜力与该省面积的比值，如式（1-19）所示：

$$\mathrm{Den}_n = \frac{\mathrm{Gen}_n}{LA_n} \tag{1-19}$$

式中，Den_n 为第 n 省份的发电潜力密度（$\mathrm{kW \cdot h/m^2}$）；LA_n 为第 n 省份的面积（$\mathrm{m^2}$）。

作为输入数据的各省光照强度和环境温度来自 Meteonorm 软件中的气象站点数据库。Meteonorm 是光伏系统设计与太阳能资源潜力评估中太阳能资源数据获取的常用软件，已在大量的有关研究中被应用，它能够基于分布全球的气象站点提供辐照度、环境空气温度、湿度、风速、风向等观测数据，并能够同时借助卫星信息在现有站点之间进行连续内插，从而可以提供地球上任何特定位置的太阳能数据。式（1-15）中使用的光伏组件的面积和三种组件的转换效率参考王利珍等人的研究，其中三种转换效率分别如式（1-20）～式（1-22）所示。

$$\eta_1 = \begin{cases} 3.5781\ln R_n - 4.0404, & 10\ \mathrm{W/m^2} \leqslant R_n \leqslant 200\ \mathrm{W/m^2} \\ -0.0006R_n + 14.798, & R_n > 200\ \mathrm{W/m^2} \end{cases} \tag{1-20}$$

$$\eta_2 = \begin{cases} 3.41551\ln R_n - 5.0545, & 10\ \mathrm{W/m^2} \leqslant R_n \leqslant 200\ \mathrm{W/m^2} \\ -0.0012R_n + 12.71, & R_n > 200\ \mathrm{W/m^2} \end{cases} \tag{1-21}$$

$$\eta_3 = \begin{cases} 1.9076\ln R_n - 3.4561, & 10\ \mathrm{W/m^2} \leqslant R_n \leqslant 200\ \mathrm{W/m^2} \\ -0.0003R_n + 6.7909, & R_n > 200\ \mathrm{W/m^2} \end{cases} \tag{1-22}$$

第 2 章
风电场功率预测技术及建模应用

高精度和高可靠性的大规模风电功率预测可以有效降低风电不确定性对电力系统运行的不利影响。然而，由于天气突变和测量设备故障等不确定因素，用于功率预测的数据有时会出现缺失或不准确的问题，影响模型训练和输出结果。为解决上述问题，本章提出了一种结合交叉多重归因（Cross Multiple Imputation，CMI）技术和时间卷积网络（Temporal Convolutional Network，TCN）的短期风电功率预测框架。首先，提出缺失数据的特殊填补算法，得到内容值完整的环境变量数据集；其次，建立基于最大信息系数（Maximal Information Coefficient，MIC）的特征变量筛选模型，精简环境变量数据集；最后，基于上述特征变量集合，构建基于 TCN 的风电功率预测提升模型。经过算例分析，将本章提出的基于多重归因特征数据集插补的 TCN 预测框架与其他预测框架相比，该框架具有较好的预测性能。

2.1　基于多重归因和时间卷积网络的风电功率短期预测模型

2.1.1　交叉多重归因

多重归因填补缺失值是一种统计方法，用于处理数据集中的缺失值问题。这种方法通过创建多个填补数据集来反映缺失数据的不确定性，然后结合这些数据集的结果，提供更准确和稳健的估计。它在多个领域中都有应用，包括心理学、医药科学、市场营销等。该方法一般包括以下三个步骤。

（1）填补缺失值：根据已知数据，使用一种统计模型生成多个填补数据集。每个数据集中的缺失值都是通过模拟的方法进行填补，确保不同填补数据集之间存在变异性。

（2）分析填补数据集：对每个填补数据集进行标准的统计分析。

（3）合并结果：将多个填补数据集的分析结果合并。通常包括计算每个估计值的平均值作为最终估计，并根据不同填补数据集的变异性来调整标准误差。

2.1.2 时间卷积网络

（1）数据归一化：为了促进模型训练期间更快和更稳定的收敛，以及增强模型泛化能力，数据集被归一化到［0，1］。本节采用的归一化方法是 MinMaxScaler 归一化。

（2）数据集划分：为了确保模型充分配备用于学习和准确捕捉潜在模式和关系的大量数据，80%的数据用于训练模型；对剩余的 20%再进一步分割，其中 20%用于模型验证，其余用于测试模型的性能。

（3）TCN 定义：TCN 是一种创新的神经网络，建立在一维卷积神经网络的基础上。这种神经网络不仅保持了强大的特征选择能力，而且在处理和分析时间序列方面表现出色。TCN 由一维扩张因果卷积组成，用于捕获数据中的时间序列特征。它还使用残差模块来避免梯度消失。

（4）扩张因果卷积：因果卷积可以确保历史数据得到很好的应用，这是在 WaveNets 中首次提出的。在因果卷积网络中，时间步长 t 的输出仅由时间步长 t 的输入和更早的时间步长进行卷积（信息包含在前一层网络中）。为了有效处理长历史信息的问题，TCN 采用了扩张因果卷积，其扩张系数 d 是指相邻滤波器之间的固定步长。扩张的卷积有助于扩大感受野，从而使可调参数线性增加。扩张卷积是对输入序列执行跳跃操作的卷积网络，其数学描述如下：

$$F(X)=(X *_d f)(x)=\sum_{i=0}^{k-1} f(i)\times x_{x-d\times i} \tag{2-1}$$

式中，$F(X)$为滤波器对向量 $\boldsymbol{X}$ 中的元素 x 进行扩张卷积运算的结果；$f(i)$ 为第 i 个过滤器；d 为膨胀因子；k 为过滤器的大小；i 为网络级别；$*_d$ 为扩张卷积算子。

（5）残差模块：残差模块可以克服深度学习网络中梯度消失的问题，是 TCN 的另一部分。其数学公式如式（2–2）所示：

$$o=\text{Activation}\left[x+f(x)\right] \tag{2-2}$$

式中，o 为该层的输出；$f(x)$为要学习的残差映射。

除了扩张因果卷积，权值归一化也被应用于残差模块内部的卷积滤波器。所应用的激活函数是 ReLu。在权重层之后，添加一个 dropout 层来避免过拟合的问题。

（6）性能指标：该模型的性能通过均方误差（MSE）、平均绝对误差（MAE）、平均绝对百分比误差（MAPE）和均方根误差（RMSE）来验证。公式如下所示：

$$\text{MSE}=\frac{1}{N}\sum_{i=1}^{N}(\hat{P}_i-P_i)^2 \tag{2-3}$$

$$\text{MAE}=\frac{1}{N}\sum_{i=1}^{N}\left|\hat{P}_i-P_i\right| \tag{2-4}$$

$$\text{MAPE}=\frac{1}{N}\sum_{i=1}^{N}\left|\frac{\hat{P}_i-P_i}{P_i}\right|\times 100\% \tag{2-5}$$

$$\text{RMSE}=\sqrt{\frac{1}{N}\sum_{i=1}^{N}(\hat{P}_i-P_i)^2} \tag{2-6}$$

式中，$\hat{P}_i$ 为预测风力功率（MW）；P_i 为实际风力功率（MW）；N 为样本数。

2.1.3 CMI-TCN 框架

结合交叉多重归因填补缺失值，本节提出用 CMI-TCN 框架对风电功率进行预测，具体框架如图 2-1 所示。预测步骤如下。

阶段一：用交叉多重归因的方法将原始数据进行填补和修剪，得到含有 18 个变量的规整数据。

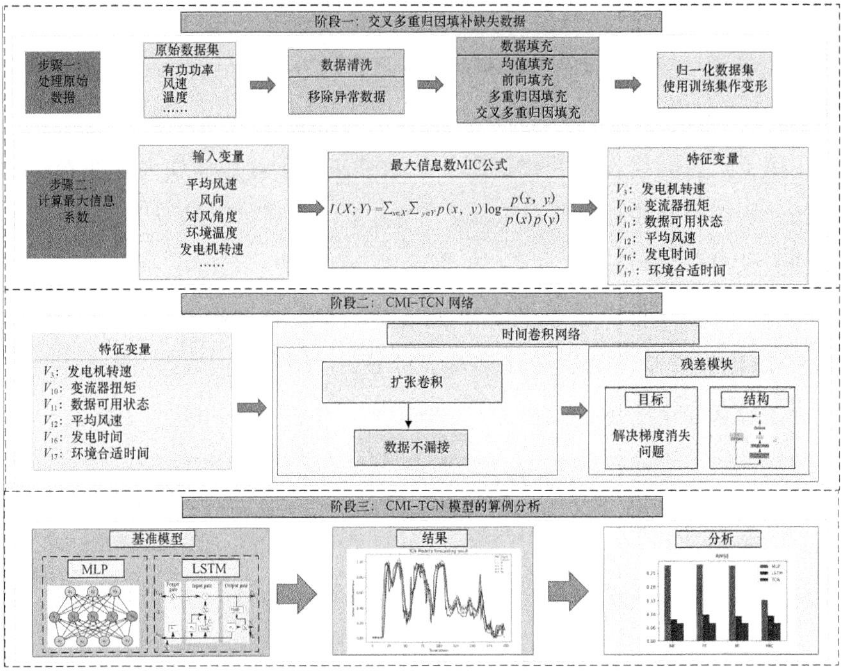

图 2-1　CMI-TCN 框架

阶段二：将数据库中的 18 个变量作为基础，根据最大信息系数（Maximal Information Coefficient，MIC）[见式（2-7）] 筛选与目标变量（风电功率）相关性最强的 6 个特征作为模型建模样本的数据输入，并对特征数据进行归一化处理。

$$I(X;Y)=\sum_{x\in X}\sum_{y\in Y}p(x,y)\log\frac{p(x,y)}{p(x)p(y)} \tag{2-7}$$

阶段三：将经填补处理和特征选择后的数据放入 TCN 中进行风电功率预测，并对预测结果进行分析。

2.2　算例分析

本节以中国北方某风电场的数据为例进行研究。为显示 CMI-TCN 预测框架的性能，基于同一个案例研究，将经典的 MLP（多层次感知机）和 LSTM（长短期记忆网络）模型作为基准模型对比结果。

2.2.1　风电场数据

本书使用了中国北方某风电场的数据集，装机容量为 49.5 MW。数据集的时间周期为一个月（2019 年 3 月 31 日—2019 年 4 月 30 日），时间步长为 10 min，包括发电机组参数和当地环境变量。表 2-1 给出了模型输入的 18 个变量，以及它们的符号和描述性统计。

表 2-1　输入变量的描述性统计和相关符号

变量	机组属性	单位	平均值	偏差	最小值	最大值
V_1	发电量	J	12290330	103340	12102500	12459010
V_2	发电机绕组温度	℃	58.064	18.290	25.600	122.130
V_3	发电机转速	r/min	52.460	19.476	21.300	118.920

续表

变量	机组属性	单位	平均值	偏差	最小值	最大值
V_4	环境温度	℃	13.081	5.690	−0.400	30.650
V_5	机舱温度	℃	24.814	4.620	9.730	39.340
V_6	无功功率	kW	36.931	47.293	−53.210	113.610
V_7	偏航位置	m	218.923	219.276	−391.290	695.770
V_8	对风角度	°	−4.314	29.647	−148.190	154.640
V_9	桨矩角 1	°	25.435	30.059	−0.140	88.190
V_{10}	变流器扭矩	N·m	212982	274881	0	926369
V_{11}	数据可用状态	—	0.500	0.475	0	1.000
V_{12}	平均风速	m/s	4.219	3.170	0	15.760
V_{13}	桨矩角 2	°	25.439	30.059	−0.130	88.170
V_{14}	桨矩角 3	°	25.444	30.059	−0.140	88.190
V_{15}	风速标准差	—	0.867	0.519	0	4.250
V_{16}	发电时间	h	0.163	0.008	0	0.170
V_{17}	环境合适时间	h	0.102	0.075	−0.010	0.170
V_{18}	风向	°	175.215	37.538	0.120	357.870
标签	网侧有功功率	kW	476.837	717.167	−25.460	2548.540

2.2.2 数据处理

数据的时间步长是 10 min，覆盖一个月。与输出功率相关性最强的

6 个变量包括发电机转速、变流器扭矩、平均风速等。原始数据如图 2-2 所示。以下步骤说明了整个建模过程。

（1）数据归一化：使用均值归一化方法对变量和预测目标进行归一化。

（2）填补缺失值：为了评价均值填充、前向填充、多重归因填充和交叉多重归因填充等方法在缺失数据插补方面的性能优劣，对“平均风速”参数特征进行了随机数据缺失处理，其中 10%的值置空，以模拟缺失数据情况。然后使用三种不同的方法填补这些缺失数据，以研究填补技术对预测准确性的影响。

（3）特征选择：根据最大信息系数，选择与输出功率相关性最强的 6 个变量作为输入。图 2-3 和图 2-4 显示了变量和输出功率之间的相关矩阵。这里的标签代表输出功率，也就是预测目标。颜色越深，相关性越强。

（4）数据集划分：将 80%的数据用于训练模型；对剩下的 20%再进一步分割，其中 20%用于模型验证，其余用于测试模型的性能。

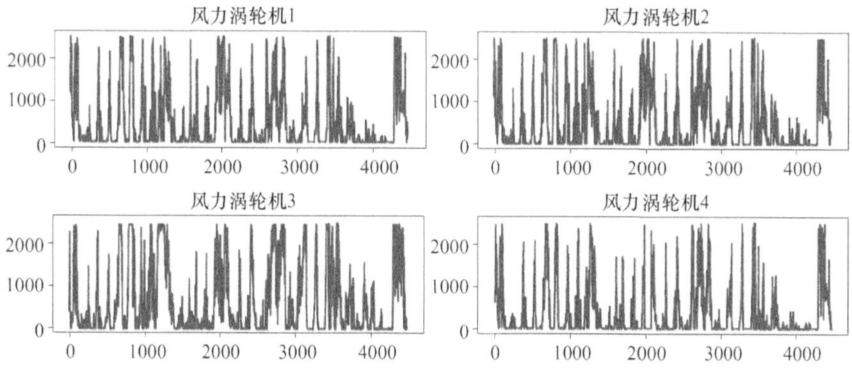

图 2-2　原始的风力发电数据集样本

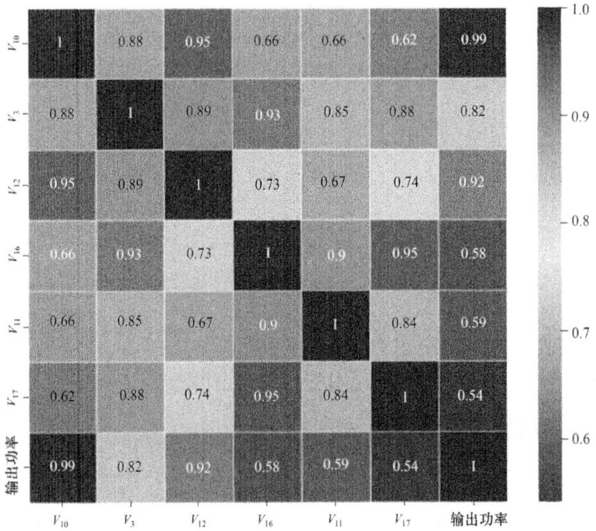

图 2-3　相关性最强的 6 个变量

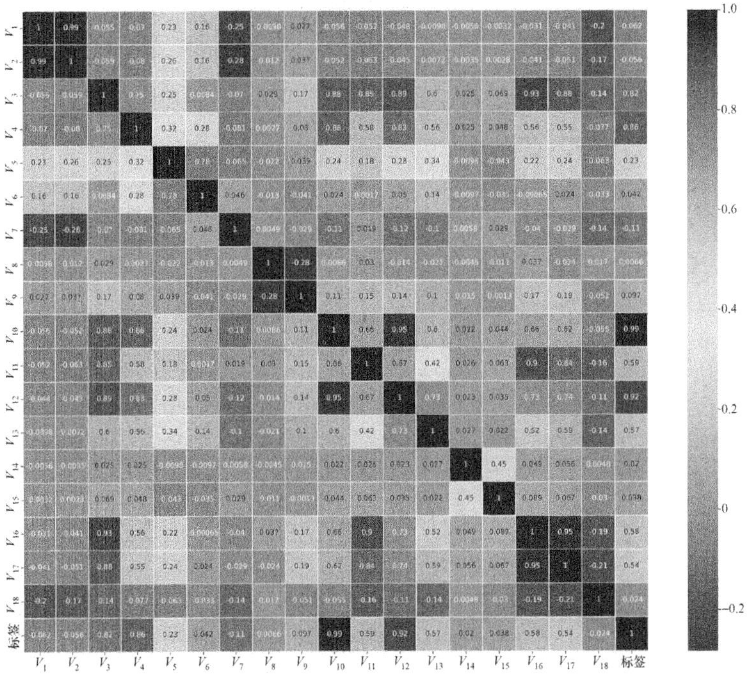

图 2-4　MIC 相关系数热图

2.2.3　模型预测

本书分别建立了 MLP、LSTM 和 TCN 三个网络模型，其中 TCN 模型优化为 CMI–TCN 模型。通过前五个时间步的数据预测未来时间步的风电功率。为了显示 CMI 填补数据的效果，用均值填充、前向填充、多重归因填充和交叉多重归因填充做对比进行了预测。每个模型的性能指标包括均方误差（MSE）、平均绝对误差（MAE）、平均绝对百分比误差（MAPE）和均方根误差（RMSE）。这些值越小，模型的准确性越高。表 2–2 列出了不同模型各个评价指标的大小情况，其中最好的结果都用粗体标注出来了。图 2–5 和图 2–6 示出了 TCN 改进后所有结果的误差直方图。图 2–7 显示了所有模型的预测风力发电功率和实际风力发电功率之间的比较。结果表明，CMI–TCN 模型误差较小，预测精度较高。

表 2–2　各模型的评价指标值

填充方法	模型	MSE	MAE	MAPE (%)	RMSE
原始数据	MLP	0.052	0.117	120.167	0.229
	LSTM	0.006	0.042	82.561	0.078
	TCN	**0.004**	**0.037**	**76.672**	**0.067**
均值填充	MLP	0.077	0.137	110.810	0.277
	LSTM	0.006	0.042	106.983	0.081
	TCN	**0.004**	**0.036**	**90.621**	**0.066**

续表

填充方法	模型	MSE	MAE	MAPE (%)	RMSE
前向填充	MLP	0.078	0.138	114.169	0.280
	LSTM	0.010	0.053	99.618	0.098
	TCN	**0.004**	**0.037**	**86.041**	**0.067**
多重归因填充	MLP	0.076	0.136	128.913	0.276
	LSTM	0.008	0.045	116.349	0.092
	TCN	**0.004**	**0.037**	**100.402**	**0.067**
交叉多重归因填充	MLP	0.023	0.083	109.767	0.151
	LSTM	0.009	0.049	97.416	0.093
	TCN	**0.004**	**0.037**	**97.107**	**0.067**

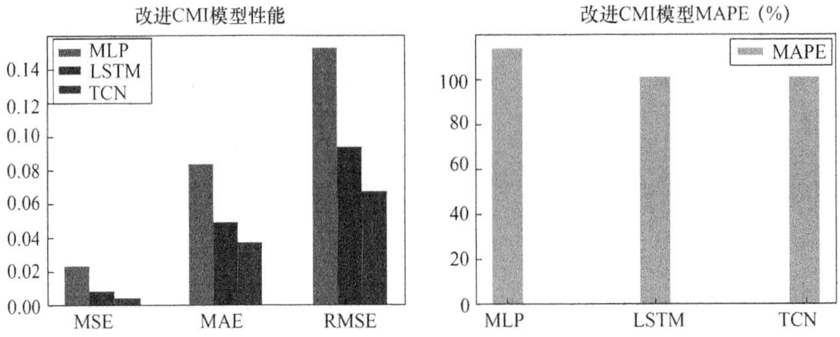

图 2-5　改进 CMI 模型的结果

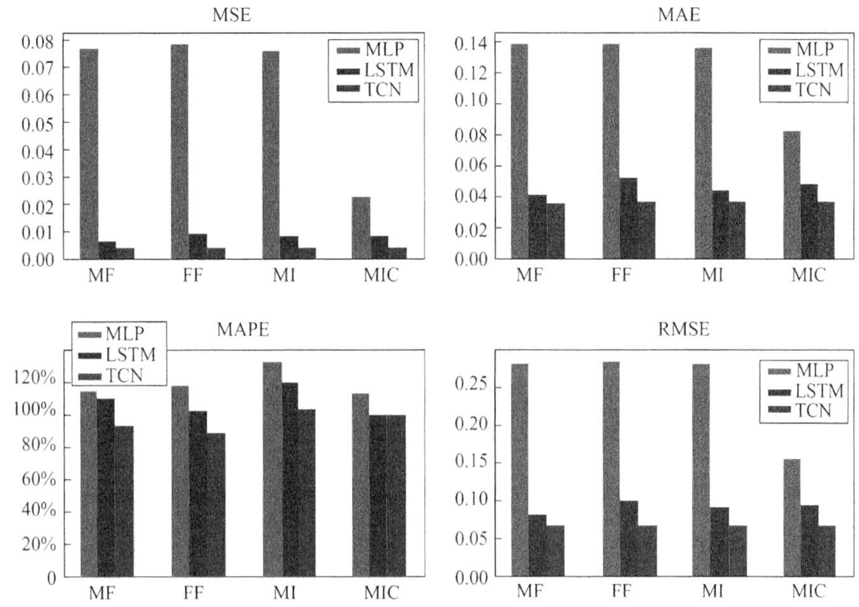

图 2-6　所有改进季节特征选择的预测结果的比较

2.2.4　结果与分析

（1）模型对比：在三种网络模型中，MLP 的准确性最差，它只对选定的变量进行线性拟合，但忽略了数据中隐含的时间序列信息。LSTM 模型在预测具有时间序列特征的数据方面的优势已被许多研究证明，围绕 LSTM 的研究仍有很多。与 MLP 相比，LSTM 的性能有很大提高，LSTM 的预测结果接近实际数据。TCN 是一种基于卷积神经网络的新型网络，它考虑了时间序列信息。与 LSTM 相比，TCN 进一步提高了预测精度，被证明是最合适的模型。

（2）数据填补方法对比：图 2-7 比较了原始风电数据与使用不同缺失数据填充方法所做的预测结果，可以直观地评估每种方法的有效性，以

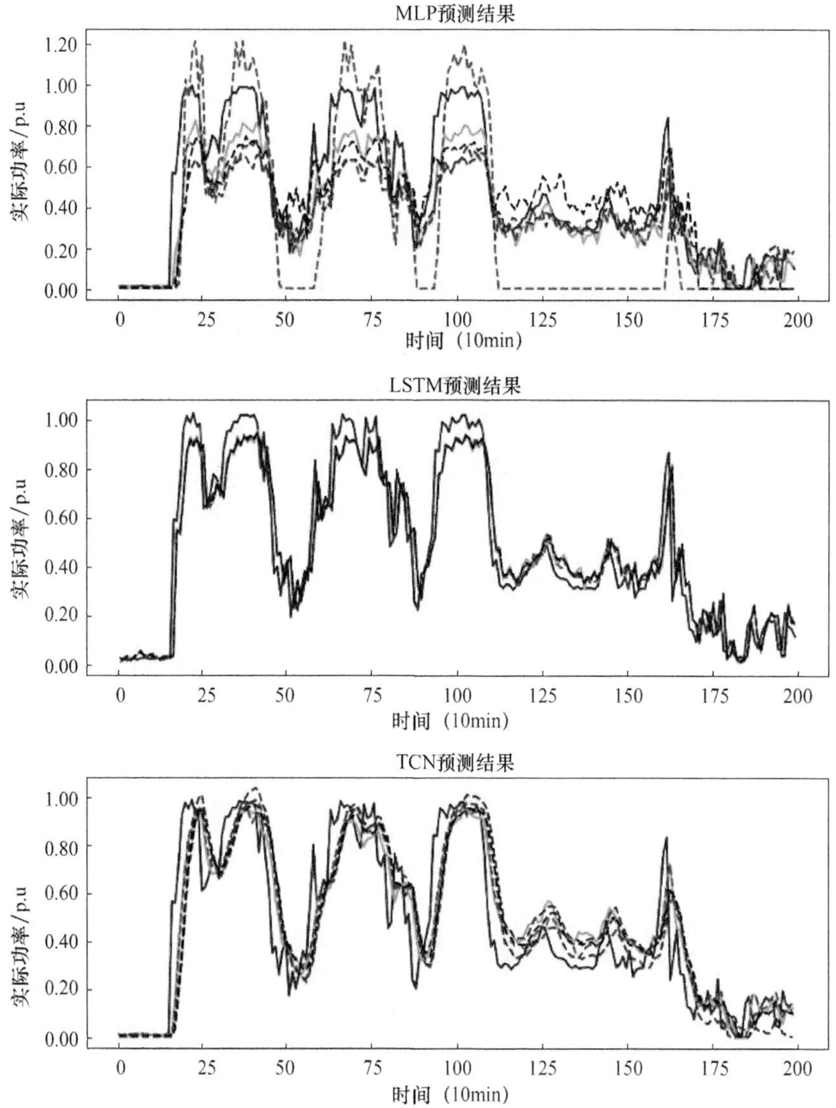

图 2-7　不同组合模型的预测风力发电功率与实际风力发电功率的比较

确定其对预测精度的影响。均值填充（绿色）的预测结果相比其他方法显示出更多的波动性和偏离原始数据（蓝色）的情况，这可能是因为均值填充没有考虑时间序列中的依赖性，可能导致填充值过于平滑，不反映实际变化。前向填充（紫色）的结果看起来与原始数据的趋势更为接近，这表明在具有时间连续性的数据中，前向填充可能是一种较为有效的方法，因为它保留了之前时间点的信息。多重归因填充（黑色）提供的结果在一些高峰和低谷部分与原始数据较为吻合，显示出在处理缺失数据时可能较好地利用了变量间的相关性。从整体上看，交叉多重归因填充（橙色）的预测结果似乎与原始数据的吻合度最高，尤其是在捕捉波动较大的部分时。这表明交叉多重归因填充在处理缺失数据时，能够更有效地利用可用信息，从而提高预测准确性。

为了提高风电功率预测的准确性和可靠性，本章提出了一种改进的 CMI−TCN 模型。以中国北方某风电场的数据为例，验证了 TCN 模型的良好性能（以 MLP 和 LSTM 为基准模型）。

为了进一步提高预测性能，本章提出了交叉多重归因数据填补策略，该策略将同一个风电场中不同风机的数据互相作为参考，结合多重归因，对缺失数据进行填补。结果表明，改进的 CMI−TCN 模型有利于提高预测精度。

第 3 章
光伏电站功率预测技术及建模应用

3.1　基于核密度估计与 CatBoost 算法的光伏功率预测方法

为应对传统单一模型难以有效地分析历史数据的波动性规律，从而导致光伏功率预测精度不高的问题，本节提出了一种类别型特征提升（Categorical Boosting，CatBoost）算法、核密度估计与超短期光伏功率预测的创新组合。首先，提取建模相关的辐射照度、温度和湿度等特征向量，创建光伏功率概率分布统计模型，通过模型自适应寻优，获得特定场站的功率分布特性；其次，基于功率特性和 CatBoost 算法提出光伏场站功率预测模型；最后，将上述模型算法应用到实际场站算例，通过与现有常用的预测算法对比，预测未来 1 h 的功率。所提模型的预测误差相较于传统模型 SVR、DTR、KNN、LSTM 和 LightGBM 分别下降了 27.59%、8.69%、16.21%、23.33%和 12.56%。

3.1.1　功率预测模型构建

1. 核密度估计

核密度估计（Kernel Density Estimation，KDE）属于非参数检验方法之一，在光伏功率预测中，核密度估计可以用于对功率数据进行建模和分析。它能够提供功率的概率分布信息，帮助了解功率的变化范围和分布情况，为决策提供更全面的依据。

2. CatBoost 模型

CatBoost 算法与极端梯度提升（Extreme Gradient Boosting，XGBoost）算法和轻量级梯度提升机（Light Gradient Boosting Machine，LightGBM）算法为梯度提升决策树（Gradient Boosting Decision Tree，GBDT）的 3 个主要算法，相对于 XGBoost 和 LightGBM，CatBoost 算法的准确率更高。CatBoost 算法能够处理分类特征和缺失数据，并具有较强的泛化能力。此外，它能够自动处理类别型特征的编码，减少了特征工程的复杂性。CatBoost 算法还能够自动进行特征选择和调参，能够提供较好的模型性能，而且还采用了完全对称树作为基模型，避免了过拟合，提高了预测的可靠性，其强大的泛化能力和自动调参功能使其成为光伏功率预测的有力工具。

3. KDE-CatBoost 模型

为了提高预测的准确度，对特征数据通过核密度估计方法分析光伏功率分布概率特性，同时利用 CatBoost 算法对非连续性类别型特征处理和运算速度的优势，将光伏功率分布概率预测结果输入 CatBoost 模型中，输出光伏功率预测结果。

4. 特征处理

非参数核密度估计是利用观测数据对某事件进行密度函数估计。其过程就是将每一点的概率分配到附近的区间，将所有的独立点区间密度累加，得到最终的密度函数。假设 X_1，X_2，…，X_n 是从总体中抽取的独立同分布样本，其密度函数为 $f(x)$，核密度估计公式如下：

$$\hat{f}(x)=\frac{1}{nh}\sum_{i=1}^{n}K\left(\frac{x-X_i}{h}\right) \tag{3-1}$$

式中，n 为样本容量；h 为带宽；$K(x)$为核函数；X_i 为从总体中抽取的第 i 个独立同分布样本；x 为若干数据样本。

带宽是影响整个拟合效果优劣的核心因素。依据式（3-1）可以看出，若带宽 h 的取值较大，样本数据经过压缩处理突出了平均化，忽略了密度函数的细节部分；若带宽 h 的取值较小，随机性的影响增大，估计曲线尖峰过多，函数图像波动大。为判断预测的光伏功率分布是否符合实际分布，将光伏功率数据划分为 m 组不重复的数据，下面采用拟合优度检验：

$$\chi^2=\sum_{i=1}^{m}\frac{\left(A_i-E_i\right)^2}{E_i} \tag{3-2}$$

式中，χ^2 检验为一种衡量拟合优度的方法；A_i 为光伏功率在第 i 个区间的观测频数；E_i 为光伏功率在第 i 个区间的期望频数。

利用 CatBoost 算法对常规离散特征方法进行优化，通过添加先验分布项使数据免受噪声、低频率类别型数据的干扰，具体公式如下：

$$x_{i,k}=\frac{\sum_{x_{i,j}\in D_k}[x_{i,k}=x_{i,j}]Y_j+a\times p}{\sum_{x_{i,j}\in D_k}[x_{i,k}=x_{i,j}]+a} \tag{3-3}$$

式中，$x_{i,k}$ 为第 k 个样本的第 i 个类别特征；$x_{i,j}$ 为第 k 个样本之前第 j 个样本的第 i 个类别特征；D_k 为随机排序中在第 k 个样本之前的数据集；Y_j 为第 j 个样本的标签值；p 为添加的先验分布项；a 为权重系数。

3.1.2　预测流程及性能评估

1. 预测流程

本章提出的基于核密度估计与 CatBoost 算法的光伏功率预测模型步骤如下：①数据获取。获取集中式光伏电站的历史光伏功率和历史气象数据。②数据预处理。检测数据中的异常值和缺失值，对缺失值进行剔除，对异常值采用前后数据求平均值的方式处理，随后按照式（3–4）进行归一化。③建立特征数据和标签数据。将光伏功率定义为标签数据，除时间和光伏功率之外的数据为特征数据。④数据分析。对各数据进行相关性分析，并通过 KDE 方法确定符合条件的特征数据及种类。⑤数据集拆分。把辐射照度、温度、气压、湿度、功率等数据拆分为训练集和测试集，其中 80%为训练集，20%为测试集。⑥建立功率预测模型。构建 CatBoost 算法功率预测模型，为使模型保持较高的预测精度，通过经验设置和实验的方法调节模型参数。⑦预测结果输出。将步骤⑥的预测结果利用式（3–4）和式（3–5）进行反归一化得到最终预测结果，最后进行误差评估。

$$x_i'(k)=\frac{x_i(k)-x_{i,\min}}{x_{i,\max}-x_{i,\min}} \tag{3–4}$$

式中，$x_i'(k)$ 为数据集中第 i 个类别特征的第 k 个归一化值；$x_i(k)$ 为数据集中第 i 个类别特征的第 k 个原始值；$x_{i,\min}$、$x_{i,\max}$ 为类别特征 i 中的最小值和最大值。

$$x=x_i'(x_{\max}-x_{\min})+x_{\min} \tag{3–5}$$

式中，x 为反归一化预测值；x_i' 为归一化预测值；$x_{\min}$、$x_{\max}$ 为光伏实际功率的最小值和最大值。

2. 预测精度评估

为衡量预测模型的性能优劣，本章采用多种评判方式对模型预测精度进行评估，主要评价指标如下：

$$S_{\mathrm{MAE}}=\frac{1}{n}\sum_{i=1}^{n}\left|y_i-\hat{y}_i\right| \tag{3–6}$$

$$S_{\mathrm{MSE}}=\frac{1}{n}\sum_{i=1}^{n}(y_i-\hat{y}_i)^2 \tag{3-7}$$

$$S_{\mathrm{RMSE}}=\sqrt{\frac{1}{n}\sum_{i=1}^{n}\left(y_i-\hat{y}_i\right)^2} \tag{3-8}$$

$$S_{R^2}=1-\sum_{i=1}^{n}(\hat{y}_i-y_i)^2/\sum_{i=1}^{n}(\overline{y}_i-y_i)^2 \tag{3-9}$$

式中，y_i为第 i 时刻的实际采集数据（kW）；$\hat{y}_i$为第 i 时刻的预测数据（kW）；n 为预测值个数；S_{MAE}、S_{MSE}、S_{RMSE}、S_{R^2}分别为光伏样本数据的平均绝对误差、均方误差、均方根误差、决定系数。

3.1.3 算例分析

为验证上述预测模型的效果，本节算例数据采用山东某地区光伏电站 2017 年 4—6 月的信息，数据跨度为 3 个月，数据间隔 15 min。本节目标是预测大型集中式光伏电站未来 1 h 的功率，总共有 9 个字段，其中参与机器学习建模的变量共 8 个，分别是总辐射照度、直辐射照度、散辐射照度、温度、环境温度、气压、环境湿度和光伏功率。

1. 确定最佳 KDE 模型

对光伏功率进行核密度估计：创建 Kernel Density 对象模型，通过数据训练判定各样本得分，使用不同带宽和核函数进行测试，观察不同带宽和核函数对核密度估计的影响。

首先，对不同的核函数进行计算；其次，选取预测概率密度最为接近的核函数；最后，计算最佳的带宽值。但是，对于余弦、线性和 Top-hat 核函数，在系统进行计算时，因为一些测试点的偏移可能导致函数执行错误。为算法程序编写自定义函数，通过自定义函数忽略测试点返回平均值可以有效解决该问题。此外，对函数进行优化和误差分析得到了最终的核密度估计图以及相应的最佳带宽及核函数参数。为更好地评估各模型的拟合度优劣，本书提出模型优度指标，公式如下：

$$S_{\mathrm{GOF}}=\frac{1}{m}\sum_{i=1}^{m}\frac{(\hat{y}_i-y_i)^2}{(\overline{y}_i-y_i)^2} \tag{3-10}$$

式中，y_i 为第 i 时刻的真实数据（kW）；$\hat{y}_i$ 为第 i 时刻的预测数据（kW）；$\overline{y}_i$ 为第 i 时刻预测数据的平均数（kW）；m 为预测样本数；S_{GOF} 为模型评价指标，越接近于零说明模型拟合度越高。

2. 模型结果和误差分析

KDE、基于离散概率分布（Probability Function，PF）和非参数估计（Non-Parametric Estimation，NP-PWE）三种模型的 S_{RMSE}、S_{GOF} 与 χ^2 检验结果和误差分析结果如表 3-1 所示。

表 3-1　数据分析

模型名称	χ^2	S_{GOF}	S_{RMSE}
PF	145.45	0.0167	0.0183
NP-PWE	20.58	0.0096	0.0092
KDE	5.36	0.0065	0.0079

由表 3-1 检验结果分析可知，PF 建立的光伏功率分布预测模型的 S_{GOF} 较大且未通过 χ^2 检验；虽然 NP-PWE 与 KDE 光伏功率分布预测模型的 χ^2 都小于临界值，但后者的 S_{GOF} 与 χ^2 值更小，预测值与相应实际值相差较小。由误差分析结果可知，相较于 NP-PWE 与 PF 两种光伏功

率分布预测模型，KDE 模型的 S_{RMSE} 值最小。该模型预测曲线与其他常用预测模型的预测曲线对比如图 3-1 所示。

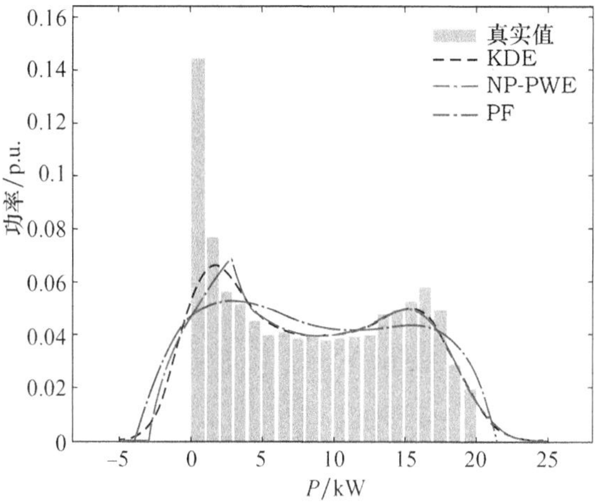

图 3-1　KDE 预测曲线与其他常用预测模型预测曲线对比

由图 3-1 最终预测曲线与真实值分布可知，该分布具有左偏现象，整体分布均匀，KDE 光伏功率分布预测与实测数据分布最接近，说明 KDE 模型的性能拟合度最高。

3. 光伏电站运行数据相关性分析

光伏电站运行数据的相关系数如图 3-2 所示。正数为正相关，负数为负相关，绝对值越大，相关性越强。辐射照度（总辐射照度、直辐射照度和散辐射照度）又称辐照度，是光伏功率的主要影响因素之一。较高的辐射照度通常意味着更高的光能转换效率，从而产生更高的光伏功率。

由图 3-2 可以看到，在一定范围内，随着温度的升高，光伏模块的电子特性和效率会发生变化，从而影响光伏功率的输出。一般情况下，光伏功率与温度之间存在负相关关系。但由于数据中的温度未达到对发电效率产生负影响的临界值，故为正相关。除了辐射照度和温度，其他天气条件如云量、风速等也会对光伏功率产生影响。云量的增加和较高的风速可能导致日照减弱或局部阴影，从而降低光伏功率。由于太阳高度角和日照时间的逐渐变化，光伏发电系统在不同的季节可能产生不同的功率输出。在夏季，由于更长的受辐射时间和较高的太阳高度角，光伏功率通常会相对较高。光伏系统本身的特性，如组件类型、布局以及倾斜角度等也会对光伏功率的相关性产生影响。不同类型的光伏组件和布局方式对辐射条件和温度的响应可能不同，从而导致不同的功率输出。

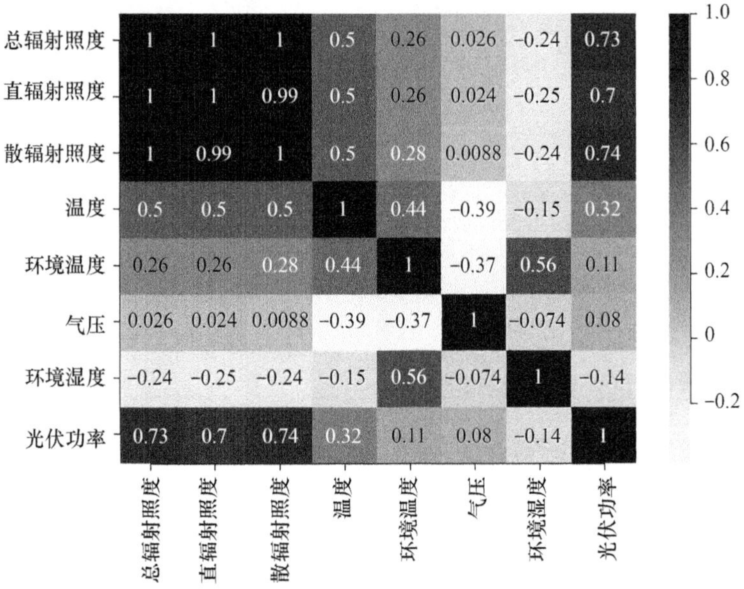

图 3-2　各数据相关系数示意

4. 多种预测模型对比分析

评价预测模型的效果最重要的指标是模型的泛化能力与鲁棒性，即针对不同场站、不同时段和不同气候条件的数据，预测模型是否都具有类似稳定的预测效果。为此，针对同一训练测试数据集，本节所提的模型与其他预测模型的光伏预测模型对比结果如表 3–2 所示。本节所提出的基于 KDE–CatBoost 的光伏功率预测模型的 S_{RMSE} 分别比支持向量回归(Support Vector Regression，SVR)、决策树回归(Decision Tree Regressor，DTR)、K 近邻（K-Nearest Neighbors，KNN）算法、LSTM、LightGBM 下降了 27.59%、8.69%、16.21%、23.33%、12.56%，说明在不同的评价指标下，本节所述算法的模型相较于其他模型更为优秀，用于光伏功率预测具有更高的精度，适用于真实数据预测。

表 3–2　不同预测模型的预测效果对比

模型名称	S_{RMSE}	S_{MAE}	S_{MSE}	S_{R^2}	模型训练耗时/s
SVR	0.29	0.25	0.54	0.89	58
DTR	0.23	0.20	0.48	0.88	41
KNN	0.25	0.16	0/50	0.92	33
LSTM	0.27	0.21	0.52	0.89	47
LightGBM	0.24	0.20	0.49	0.86	67
CatBoost	0.21	0.18	0.46	0.93	32

由表 3–2 对比模型特征值可知，本节模型的 S_{R^2} 值最高。虽然 KNN 模型的 S_{MAE} 较小，但其拟合度不如本节模型。本节提出的预测模型的 S_{RMSE}、S_{MAE}、S_{MSE} 与 S_{R^2} 值分别为 0.21、0.18、0.46、0.93，拟合效果好，可靠性高。

为验证所提出的模型具有较好的鲁棒性，选取以下 5 种 KDE–CatBoost 模型：①模型 1，考虑近 7 天光伏历史数据的 KDE–CatBoost 模型；②模型 2，考虑另外 30 天光伏历史数据的 KDE–CatBoost 模型；

③模型 3，考虑不同季节特性的 KDE-CatBoost 模型；④模型 4，在模型 3 基础上增加天气特征的 KDE-CatBoost 模型；⑤模型 5，考虑不同天气特征的 KDE-CatBoost 模型。选取的 5 种模型的评价指标值计算结果如表 3-3 所示，5 种模型预测结果与真实值对比如图 3-3 所示。

表 3-3　不同 KDE-CatBoost 模型的评价指标值结果

模型名称	S_{RMSE}	S_{MAE}	S_{MSE}	S_{R^2}
模型 1	0.21	0.18	0.46	0.93
模型 2	0.22	0.20	0.47	0.92
模型 3	0.23	0.17	0.48	0.91
模型 4	0.20	0.18	0.45	0.91
模型 5	0.23	0.19	0.48	0.90

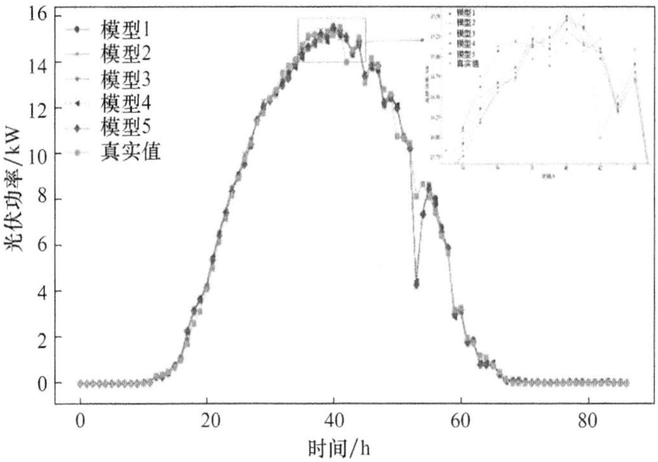

图 3-3　5 种预测模型预测结果与真实值对比图

由图 3–3 与表 3–3 对比可知，所建模型 1 到模型 5 均具有较高的拟合度，可以看出本节提出模型的鲁棒性较好。本模型具有明显优势的原因是模型中的核密度估计只需要设置带宽这一参数，算法结果稳定，而且 CatBoost 算法是在训练进程中对类别特征进行分析处理，且采用对称树作为基模型，避免了过度拟合，同时在计算时长方面体现出了优越性。

本节提出核密度估计与 CatBoost 算法相结合的光伏功率超短期预测模型，解决了预测模型普遍存在的超参数调优和过度拟合的难题，这也使得模型具有更加广泛的适用性。具体结论如下。

（1）核密度估计与 CatBoost 算法相结合的光伏功率超短期预测模型与实际值具有较高的精度和鲁棒性。

（2）算例结果表明，所提模型的 S_{RMSE} 相较于 SVR、DTR、KNN、LSTM、LightGBM 分别下降了 27.59%、8.69%、16.21%、23.33%和 12.56%。

3.2　时空相关修正模型在超短期分布式光伏功率预测中的应用研究

可靠的分布式光伏功率预测对于电网管理者提前获得输出数据和减轻随机波动的影响具有重要意义。基于光伏本身不稳定和分布式光伏并网困难等问题，分布式光伏的发展受到限制。针对现有神经网络算法预测的精确性不足和分布式场站时空（即时间、空间）相关性的研究不足等问题，本节提出了一种基于深度学习的融合时空相关性原理的超短期光伏发电功率预测模型。首先，建立了基于贝叶斯优化的长短期记忆网络（BO-LSTM）的独立短期光伏发电功率预测模型，通过贝叶斯优化器解决了模型过拟合的难题。其次，在上述预测模型基础上，解析光伏功率日内多尺度时间耦合及集中-分布场站多重空间耦合，提出一种时空相关修正算法（TSCM）。最后，将上述模型及算法应用于澳大利亚某分布式光伏电站。算例结果表明，基于 TSCM 的 BO-LSTM 预测模型比改进前具有更高的预测精度，其中 MAE 提高 6.38%，RMSE 提高 5.58%，MAPE 提高 4.9%。

3.2.1 时间相关修正算法理论

1. 时间相关模型研究

地表太阳辐照度的年周期性与光伏功率输出强相关，因此可与同一历史时期和附近的日期相比较。可以利用相关历史时期的光伏发电数据，确定预测时刻的光伏发电参考值。

假设预测日的日光伏功率数据序列为 $r_{0,0}$，前一年预测时刻前（负）或后（正）第 j 天的日光伏功率数据序列为 $r_{i,j}$。$r_{0,0}$ 与 $r_{i,j}$ 之间的相关系数 C（$r_{0,0}$，$r_{i,j}$）可以根据式（3-11）计算得到：

$$C\left(r_{0,0},r_{i,j}\right)=\frac{\operatorname{cov}\left(r_{0,0},r_{i,j}\right)}{\sqrt{\operatorname{Var}\left(r_{0,0}\right)\operatorname{Var}\left(r_{i,j}\right)}} \tag{3-11}$$

通过周期性尺度系数 T 和相似尺度系数 L 的定义来描述需要的数据范围，用于确定给定时间下光伏功率输出的参考值。周期性尺度系数 T 决定了预测时间的历史数据的年份，相似尺度系数 L 决定了预测时间的历史数据的天数。T 和 L 都是正整数。然后根据确定的尺度系数值，利用历史数据建立一个确定预测时刻光伏功率的参考矩阵 $\boldsymbol{R}$。以 T=3、L=2 为例，生成的参考矩阵 $\boldsymbol{R}$ 如式（3-12）所示：

$$\boldsymbol{R}=\left[r_{i,j}\right]_{3\times5}=\begin{bmatrix}\{r_{1,-2}\}\{r_{1,-1}\}\{r_{1,0}\}\{r_{1,1}\}\{r_{1,2}\}\\\{r_{2,-2}\}\{r_{2,-1}\}\{r_{2,0}\}\{r_{2,1}\}\{r_{2,2}\}\\\{r_{3,-2}\}\{r_{3,-1}\}\{r_{3,0}\}\{r_{3,1}\}\{r_{3,2}\}\end{bmatrix}\tag{3-12}$$

利用矩阵 $\boldsymbol{R}$ 中所有元素的平均值，可以计算参考光伏功率数据值 E_{ref}:

$$E_{\mathrm{ref}}=\frac{\sum_{i=1}^{T}\sum_{j=-L}^{L}r_{i,j}C_i}{\sum_{i=1}^{T}\sum_{j=-L}^{L}C_{i,j}}\tag{3-13}$$

2. 空间相关模型的研究

在地球绕太阳公转且同时自转的情况下，一个特定位置的日地外太阳辐照度表现出空间相关性特征，表现为相邻的相似性。由于与太阳的相对位置一致，相邻光伏发电厂之间的日辐照度数据接近，证明了它们的相似性。因此，它们的光伏功率在空间上是相关的。

假设预测光伏电站的日光伏发电数据序列为 r_0，同期相邻分布式光伏电站的日光伏发电数据序列为 r_i。r_0 和 r_i 之间的相关系数可以根据式（3−14）计算得到：

$$C\left(r_0,r_i\right)=\frac{\mathrm{cov}\left(r_0,r_i\right)}{\sqrt{\mathrm{Var}\left(r_0\right)\mathrm{Var}\left(r_i\right)}}\tag{3-14}$$

利用相关历史时期的光伏发电数据，可以计算出预期的光伏发电参考值。

3. 时空相关算法框架

太阳能除了因天气变化而波动外，还表现出很强的周期性和规律性。因此，综合利用这两个特征对提高预测精度具有重要意义。由于天气、设备和空间因素影响，光伏功率预测模型不稳定。因此，时间相关性和空间相关性是预测的关键考虑因素。本节提出了一种利用时空相关模型来校正人工智能模型的预测方法，计算公式如式（3–15）所示：

$$\text{Power} = AX + BY + CZ + e \tag{3–15}$$

式中，X、Y、Z 分别为深度学习模型的预测能力、时间相关模型的计算能力和空间相关模型的计算能力；e 为残差项，其计算公式为

$$e = Ae_X + Be_Y + Ce_Z \tag{3–16}$$

式中，e_X、e_Y、e_Z 分别为深度学习模型预测误差、时间相关模型计算误差、空间相关模型计算误差。

采用 CRITIC 方法确定深度学习模型、时间相关模型和空间相关模型的最优权值系数，以尽可能提高光伏功率预测的精度。时空相关校正的详细方法如图 3–4 所示。

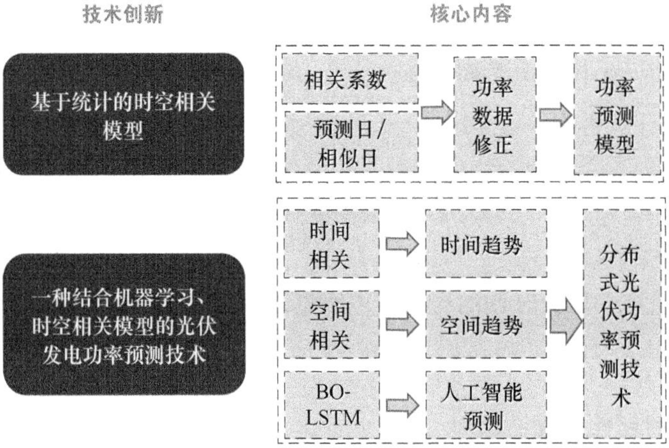

图 3–4　时空相关校正的详细方法

3.2.2　改进的基于时空相关性的混合预测框架

1. 超短期分布式光伏功率预测的总体框架

本节选择的验证该方法有效性的研究对象是来自澳大利亚一个分布式光伏电站的开源数据集。该电站提供了不同时间尺度的大量光伏和气象数据，特别适合用于光伏电站功率预测建模。本节的预测日分别为 2023 年 4 月 9—10 日、2023 年 7 月 9—10 日、2023 年 10 月 9—10 日和 2023 年 1 月 9—10 日，参考矩阵 T=4、L=3。

选择预测天数来测试模型的性能。对于 LSTM 模型，训练数据为预测日（训练日）前 10 天的光伏功率序列。时空相关模型使用 2019—2022 年的数据来生成参考值。

三个阶段的整体框架如图 3–5 所示。

第一阶段：将数据集分为三个不同的组——训练集、验证集和预测集。验证集用于计算预测误差 e_X、e_Y、e_Z。

第二阶段：推导出预测的分布式光伏电站的预测天数和历史天数的相关系数，将相关系数大于 0.7 的训练天数排除在时间相关幂之外。此外，还计算了预测的分布式光伏电站与同一区域内其他分布式光伏电站之间的相关系数。选择相关系数为 0.7 及以上的分布式光伏电站作为空间相关功率的训练站。

第三阶段：使用深度学习模型对光伏功率进行初始预测。采用时空相关模型对 LSTM 模型的预测输出功率进行校正，探讨年周期和邻域相似度对光伏功率预测的影响。本节采用 CRITIC 方法、熵值法（EM）、多元线性回归（LC）和归一化参数（NC）等方法实现了融合模型。

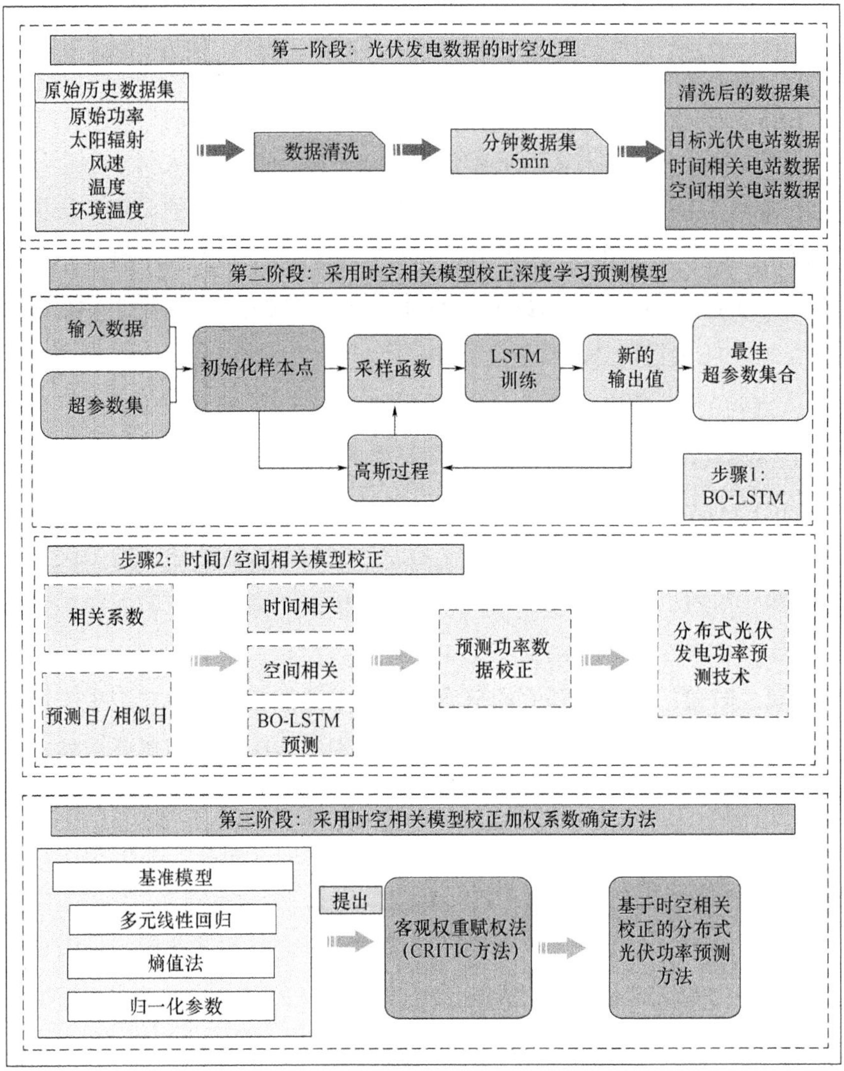

图 3-5　基于时空相关校正的光伏功率预测整体框架

根据预测结果，采用均方根误差（NRMSE）、平均绝对误差（NMAE）和平均绝对百分比误差（MAPE）来评价模型的性能。

2. 时空相关模型校正后的 LSTM 模型的性能

首先，根据历史数据计算参考值 E_{ref}。为了确定最优的权重系数，采用几种方法计算权重：基于指标相关性的客观权重赋权法（CRITIC 方法）、熵值法（EM）、多元线性回归（LR）和归一化参数（NC）。然后相应地推导出校正后的功率。CRITIC 方法（见图 3-6）是一种基于数据波动率的客观分配权重的方法。具体来说，CRITIC 方法将指标分为波动性（对比强度）和冲突性（相关性）。波动性用标准差表示；冲突性用相关系数表示。在计算权重时，首先计算指标的波动性指标和冲突性指标，然后将两者相乘并归一化，得到最终的权重值。CRITIC 方法是一种用来对多项指标进行综合评价的方法。

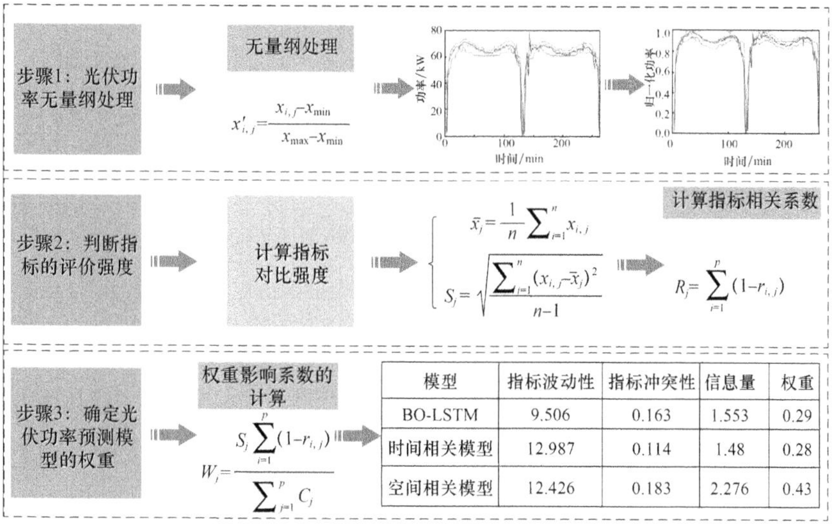

图 3-6　CRITIC 方法的结构模型

本书采用LSTM模型作为提出的光伏功率日前预测模型的人工智能组件。通过比较校正前后的预测功率，来评价时空相关模型的有效性。输入数据为预测日前18天的光伏功率数据。四种模型的预测结果如图3-7所示。

由图3-7可以看出，通过时空相关模型校正LSTM模型后，LSTM模型的预测精度有所提高。时空相关模型是一种可以补充基于深度学习技术的LSTM模型的预测模型，提高了改进后的LSTM模型的预测精度。

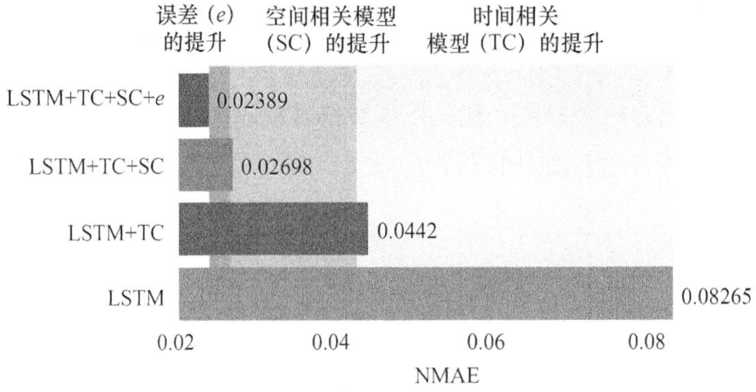

图3-7　预测的NMAE结果在模型的不同阶段

3．不同加权因子确定方法的性能

图3-8显示了不同加权计算方法下的预测结果。表3-4为不同权重计算方法下的四季功率预测误差分析结果。

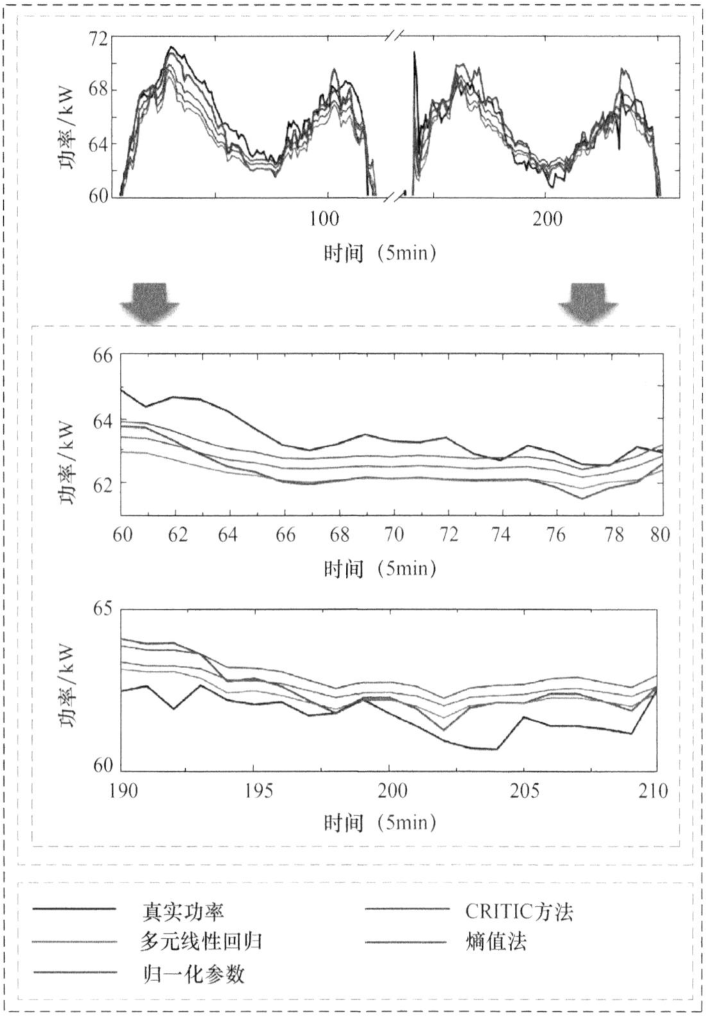

图3-8　综合模型预测结果的曲线图

由图3-8可以看出，光伏功率在中午（即第200个数据点附近）急剧下降，这是因为该分布式光伏电站位于沙漠中，中午模块温度较高，光伏组件的最大发电效率下降。

表 3-4　四季功率预测误差分析

MAE				
季节	CRITIC 方法	NC	LR	EM
春	1.35	1.89	2.22	2.11
夏	4.44	4.36	4.59	3.59
秋	1.26	2.17	4.86	3.62
冬	1.74	5.97	6.23	3.22
RMSE				
季节	CRITIC 方法	NC	LR	EM
春	2.07	3.67	3.51	3.77
夏	6.31	7.89	6.59	6.65
秋	1.87	3.09	5.66	4.43
冬	3.43	7.72	7.61	6.59
MAPE				
季节	CRITIC 方法	NC	LR	EM
春	0.04	0.13	0.11	0.13
夏	1.09	1.39	1.02	0.83
秋	0.02	0.05	0.08	0.06
冬	0.08	0.19	0.12	0.06

从表 3-4 可以明显看出，CRITIC 方法在预测精度上优于熵值法、多元线性回归和归一化参数。与多元线性回归和归一化参数相关的误差通常比 CRITIC 方法更显著。这是因为线性回归和归一化主要关注实际功率和预测功率之间的线性关系，这过度简化了二者之间存在的更复杂的关系。通过考虑指标之间的相关性，CRITIC 方法可以减轻高度相关的

指标的影响，从而减少信息冗余，产生更可靠的权重系数。

LSTM 模型和时空相关模型均可用于光伏功率日前预测。前者属于人工智能技术，它试图学习预测日数据与输入数据之间的映射关系；后者属于统计方法，其计算值由前几年的历史数据确定。因此，时空相关模型的结果更接近于实际的趋势数据，LSTM 模型侧重于跟踪光伏功率输出的波动。二者的集成模型结合了两种模型的优点，获得了比其自身都更高的精度。

本章提出了一种结合人工智能和统计方法的综合光伏功率预测模型。首先，采用 LSTM 模型，利用深度学习来监测光伏功率的波动。其次，根据历史数据中反映的趋势和规律性，通过时空相关模型对 LSTM 模型的输出进行校正。案例研究结果表明，采用时空相关模型校正的预测方法比单一 LSTM 模型具有更高的预测精度，其中 MAE 提高了 6.38%，RMSE 提高了 5.58%，MAPE 提高了 4.9%。

与传统的深度学习预测技术相比，本章提出了一种时空相关模型。通过一个真实的例子来证明，基于统计的时间相关模型和空间相关模型既可以单独作为预测方法，也可以用于修改深度学习预测模型，以提高预测的可靠性。

本章的创新之处是将深度学习技术与时空相关原理相结合，解决传统人工智能建模方法的过拟合问题和泛化能力不足等问题。同时，将统计理论纳入预测模型。与传统的深度学习预测技术相比，本章提出的集成模型可以将人工智能技术和统计理论相结合。时空相关模型利用了 LSTM 模型的预测能力。然后，利用 CRITIC 方法确定深度学习模型和时空相关模型的最优加权系数，以获得最高的预测精度。

第 4 章

基于可靠预测的风光储系统容量优化配置研究

4.1 基于误差分布特性动态寻优的风电、光伏功率预测不确定性分析

风能和太阳能作为绿色、可再生能源的代表，近年来在国内外得到了广泛的推广和应用。然而，这两种能源都存在一个共同的问题，那就是它们的出力具有随机性和间歇性。这种特性使得能源系统的储能容量配置显得尤为重要。风光互补混合储能发电系统，作为一个集成了风能、太阳能和储能技术的综合能源系统，其系统容量配置问题实际上是一个不确定性优化问题。在这个问题中，不仅要考虑风电和光伏的出力特性，还要考虑它们与储能系统的匹配度，以达到能源的最大化利用和系统的稳定运行。

为了解决这一问题，风电、光伏功率预测误差概率分布特性分析方法被引入风光互补混合储能发电系统的研究中。该方法能够有效地描述风电和光伏的随机性，更加准确地预测和控制它们的输出功率。在风电、光伏功率预测中，不同的分布方式会导致预测误差的准确度存在差异，都可能被用于描述风电、光伏出力的概率分布，但不同分布方式都有其适用的条件和局限性。本章在进行不确定性分析时，分别采用非参数核密度估计（Nonparametric Kernel Density Estimation，NKDE）、高斯混合模型（Gaussian Mixture Model，GMM），以及非参数核密度估计与高斯混合模型按照一定权重形成的一种新的分布方式（NKDE-GMM 联合概率分布）这三种方式来进行风电、光伏功率预测误差的概率密度估计，并进行对比分析，然后选取最优的分布来建立置信区间，定量分析风电、

光伏功率预测的不确定性，并且考虑所选取最优的分布方式求得的置信区间来优化风光储容量配置。

4.1.1 多重概率分布条件下预测误差分布特性动态寻优

准确计算风电、光伏功率预测的不确定性，是增强系统稳定性、减少综合成本的关键因素。在本章中，将风电光伏功率预测误差表示为某时刻功率预测值与真实值的差。

$$\begin{aligned} e_{\mathrm{w}}(t) &= P_{\mathrm{pre,w}}(t) - P_{\mathrm{true,w}}(t) \\ e_{\mathrm{pv}}(t) &= P_{\mathrm{pre,pv}}(t) - P_{\mathrm{true,pv}}(t) \end{aligned} \tag{4-1}$$

式中，$e_{\mathrm{w}}(t)$、$e_{\mathrm{pv}}(t)$分别为风电、光伏功率在 t 时刻的预测误差（kW）；$P_{\mathrm{pre,w}}(t)$、$P_{pre,pv}(t)$分别为风电、光伏功率 t 时刻的预测值（kW）；$P_{\mathrm{true,w}}(t)$、$P_{\mathrm{true,pv}}(t)$分别为风电、光伏功率 t 时刻的真实值（kW）。

1. 非参数核密度估计（NKDE）

非参数核密度估计是一种从数据样本本身出发研究数据分布特征的方法。它不需要预先假设样本的分布，可以直接提取给定样本的经验分布密度函数。核函数的选择是影响非参数核密度估计效果的一个重要因素。本章选择的核函数是常用的高斯核函数。

高斯核函数的表达式如式（4–2）所示：

$$g(x) = \frac{1}{\sqrt{2\pi\sigma}} \exp\left[-\frac{(e-\mu)^2}{2\sigma^2}\right] \tag{4-2}$$

式中，$g(x)$为高斯核函数；e 为误差；μ 为均值；σ 为标准差。

非参数核密度估计的风电、光伏功率预测误差的概率密度分布为

$$f_{\mathrm{NKDE}}(e)=\frac{1}{N}\sum_{i=1}^{N}g\left[\frac{e-e_i}{h}\right] \tag{4-3}$$

式中，N 为区间样本数；h 为带宽；e_i 为第 i 个样本的预测误差。

2. 高斯混合模型（GMM）

单一分布函数模型不能考虑多峰值和不对称预测误差的概率密度特性，而概率混合模型保证了概率密度函数的基本性质，从而能更好地描述复杂的数据分布。概率混合模型的混合成分通常采用高斯分布，故也称高斯混合模型，其具有良好的稳定性和近似能力。高斯混合模型是多个高斯分布函数的线性组合，理论上可以拟合出任意类型的分布，可以用于解决具有多峰特性的风电、光伏功率预测误差分布问题。

GMM 是 K 个高斯分布函数的加权和，其概率密度函数如式（4–4）所示：

$$F_{\mathrm{GMM}}(e)=\sum w_k N(e,\boldsymbol{\mu}_k,\sum\nolimits_k) \tag{4-4}$$

式中，w_k 为第 k 个高斯分量的权重，反映了第 k 个高斯分量在整体预测误差分布中的相对重要性或出现频率，权重之和满足式（4–5）：

$$\sum_{k=1}^{K}w_k=1 \tag{4-5}$$

$N(e,\boldsymbol{\mu}_k,\sum\nolimits_k)$ 为第 k 个高斯分布函数：

$$N(e,\boldsymbol{\mu}_k,\sum\nolimits_k)=\frac{1}{(2\pi)^{\frac{T}{2}}\,|\sum\nolimits_k|^{\frac{T}{2}}}\exp[-\frac{1}{2}(e-\boldsymbol{\mu}_k)^T\sum\nolimits_k^{-1}(e-\boldsymbol{\mu}_k)] \tag{4-6}$$

式中，k 为 T 维均值向量的个数；均值向量 $\boldsymbol{\mu}_k$ 为第 k 个高斯分量所代表的预测误差的中心趋势或平均水平；$\sum\nolimits_k$ 为 T 阶协方差矩阵，描述了第

k 个高斯分量内预测误差的离散程度和不同维度之间的相关性。对角线元素表示各维度的方差，非对角线元素表示不同维度之间的协方差。

GMM 的参数通常使用期望最大化（Expectation- Maximization，EM）算法来进行估计。设误差值集合为 $e(t)=\{x(1),x(2),\ \cdots,x(T)\}$，它的步骤通常分为以下几步。

步骤 1：使用 K 均值算法计算参数的初值。

步骤 2：根据当前的参数 $w_k,\boldsymbol{\mu}_k,\sum_k$ 计算数据点属于每个 GMM 的概率 $P(t,k)$：

$$P(t,k)=\frac{w_k N\left[e(t),\boldsymbol{\mu}_k,\sum_k\right]}{\sum_{k=1}^{K} w_k N\left[e(t),\boldsymbol{\mu}_k,\sum_k\right]} \tag{4-7}$$

步骤 3：根据步骤 2 估计每个 GMM 参数：

$$w_k=\frac{\sum_{t=1}^{T}P(t,k)}{T} \tag{4-8}$$

$$\boldsymbol{\mu}_k=\frac{\sum_{t=1}^{T}P(t,k)e(t)}{\sum_{t=1}^{T}P(t,k)} \tag{4-9}$$

$$\sum\nolimits_k=\frac{\sum_{t=1}^{T}P(t,k)[e(t)-\boldsymbol{\mu}_k][e(t)-\boldsymbol{\mu}_k]^T}{\sum_{t=1}^{T}P(t,k)} \tag{4-10}$$

步骤 4：重复迭代步骤 2 和步骤 3，直到满足结束条件，得到高斯混合模型的参数。

3. 基于 NKDE–GMM 联合概率分布的误差特性动态寻优

非参数核密度估计的优点在于其无参数限制和数据驱动的特性。它不受数据分布形式的限制，可以适应各种形状的概率密度函数。同时，它仅基于数据样本进行推断，不需要对总体分布做过多假设，因此能够更好地反映数据的实际情况。然而，核密度估计的计算复杂度较高，对于大规模数据集，计算每个数据点的核密度估计值可能需要较长的时间。

高斯混合模型的优点在于，它能够准确地描述各种形状的数据分布，适用于不同类型的数据。它将数据看作由多个高斯分布组成的混合体，每个高斯分布代表数据的一个独立分量，从而能够更准确地捕捉数据的多样性和复杂性。此外，高斯混合模型的参数估计可以使用最大似然估计等常见优化方法，计算相对简单，易于实现和应用。然而，高斯混合模型对数据的假设比较简单，假设每个分量都是独立的高斯分布，因此对于具有非高斯分布的数据，模型可能会产生较大的误差。同时，模型在拟合过程中容易受到初始参数的选择和局部最优问题的影响。

按照一定权重结合非参数核密度估计和高斯混合模型，本章提出一种新的分布方式——NKDE–GMM 联合概率分布。这种新方式可以充分利用两者的优势：首先，通过非参数核密度估计来捕捉数据的整体形状和趋势，特别是对于那些不符合特定分布形式的数据；其次，利用高斯混合模型来精细地描述数据的局部特征和分量，以更准确地捕捉数据的多样性和复杂性。基本思路是将每种分布的密度函数按照给定的权重加权平均，得到的混合分布概率密度函数，如式（4–11）所示：

$$f_{\text{NKDE-GMM}}(e) = \lambda f_{\text{NKDE}}(e) + (1-\lambda) f_{\text{GMM}}(e) \quad (4\text{-}11)$$

式中，$f_{\text{NKDE}}(e)$为非参数核密度估计得到的概率密度函数；$f_{\text{GMM}}(e)$为高斯混合模型得到的概率密度函数。如果以权重λ和$1-\lambda$ $(0 \leqslant \lambda \leqslant 1)$组合这两个分布，可以得到新的分布的概率密度函数。这样，通过调整权重，可以在非参数核密度估计和高斯混合模型之间做出权衡，得到一个新的分布。

4.1.2 风电、光伏功率预测误差概率性分析建模

为了能够准确地描述风电、光伏功率不确定性，本章分别采用非参数核密度估计、高斯混合模型、NKDE-GMM 联合概率分布三种分布方式来进行风电、光伏功率预测误差的概率密度估计，并进行定性、定量对比分析。如图 4–1 所示，首先，可以通过风电、光伏功率预测误差分布直方图直观地定性对比拟合效果。其次，关于如何量化风电、光伏功率预测误差概率密度分布函数（Probability Density Function，PDF）的偏差指标，需要理解这些偏差指标是用于比较模型预测的误差概率密度分布与真实误差概率密度分布之间的差异。通常，真实误差概率密度分布是通过数据样本估计得到的，而模型预测的误差概率密度分布则是模型输出的结果。

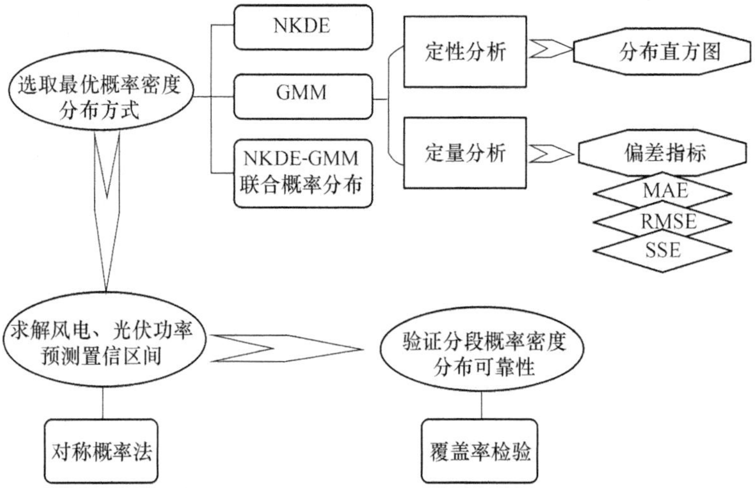

图 4–1　风电、光伏功率预测误差概率性分析建模过程

1. 误差分布特性动态寻优

本节采用以下三个指标来定量分析风电、光伏功率预测误差概率密度分布的偏差情况。

（1）平均绝对误差 MAE：

$$\mathrm{MAE}=\frac{1}{T}\sum_{t=1}^{T}\left|F_{\mathrm{dis}}\left[e(t)\right]-F_{\mathrm{true}}\left[e(t)\right]\right| \tag{4-12}$$

（2）均方根误差 RMSE：

$$\mathrm{RMSE}=\sqrt{\frac{1}{T}\sum_{t=1}^{T}\left\{F_{\mathrm{dis}}\left[e(t)\right]-F_{\mathrm{true}}\left[e(t)\right]\right\}} \tag{4-13}$$

（3）误差平方和 SSE：

$$\mathrm{SSE}=\sum_{t=1}^{T}\left\{F_{\mathrm{dis}}\left[e(t)\right]-F_{\mathrm{true}}\left[e(t)\right]\right\}^{2} \tag{4-14}$$

式中，$F_{\mathrm{dis}}\left[e(t)\right]$为 t 时刻预测模型得出的风电、光伏预测误差概率密度分布函数；$F_{\mathrm{true}}\left[e(t)\right]$为风电、光伏功率预测真实误差概率密度分布函数。

2. 动态寻优分布验证建模

通过定性、定量分析风电、光伏功率预测误差分布置信区间估计可以量化不确定性因素引起的预测结果变动，已知 $F_{\mathrm{w}}(e_{\mathrm{w}})$、$F_{\mathrm{pv}}(e_{\mathrm{pv}})$为风电、光伏功率预测误差的概率分布函数。为了保守估计风电、光伏功率预测值，给定 $\alpha(0<\alpha<1)$，风电、光伏功率真实值的一个置信度为 $1-\alpha$ 的置信区间分别为

$$[P_{\mathrm{w}}(t)-|e_{\mathrm{w,up}}|,P_{\mathrm{w}}(t)+|e_{\mathrm{w,low}}|] \tag{4-15}$$

$$[P_{\mathrm{pv}}(t)-|e_{\mathrm{pv,up}}|,P_{\mathrm{pv}}(t)+|e_{\mathrm{pv,low}}|] \tag{4-16}$$

$$
\begin{aligned}
e_{\text{low}} &= G(\alpha_1) \\
e_{\text{up}} &= G(\alpha_2)
\end{aligned}
\tag{4-17}
$$

它表示该区间以 $1-\alpha$ 的概率包含真实值。式中，$P_w(t)$、$P_{pv}(t)$分别为风电、光伏输出功率的预测值（kW）；$\alpha_2-\alpha_1=1-\alpha$，采用对称概率区，即 $\alpha_1=1-\alpha/2$，$\alpha_2=1-\alpha/2$；$G(x)$为概率分布函数的反函数。求得置信区间之后，通过覆盖率（即落在风电、光伏功率预测区间的风电、光伏功率预测值的数量与总预测值的数量）定量地检验两种分布方式对比得出的优势分布方式是否能够准确地描述风电、光伏的不确定性分布。

4.1.3 算例分析

由于我国西北地区的风电、光伏互补性较好，因此以中国西北某 350 kW 光伏电站、500 kW 风电场为例，将 5 min 作为采样时间间隔，选取不同天气条件下典型日的风电、光伏出力数据进行仿真。通过定性、定量对比本章提出的 NKDE-GMM 联合概率分布与非参数核密度估计、高斯混合模型的功率预测误差概率分布结果，得出最优分布方式并加以验证。

1. 风电功率预测误差概率性分析

关于风电功率预测误差及不确定性，本节分别采用非参数核密度估计、高斯混合模型以及 NKDE-GMM 联合概率分布三种方式对风电功率预测误差进行概率密度分析，并对比分析风电功率预测误差概率密度分布结果。同时，建立风电功率预测置信区间，定量分析风电功率预测的不确定性。在利用置信区间进行风电功率预测分布范围的计算时，首先要确定风电功率预测误差的概率密度分布特性。本节将对强风、中风、弱风天气条件下的概率密度分布特性进行分析。

为了精确地分类不同的天气情况，本节采用了国际通用的蒲福风级。蒲福风级由英国海军军官弗朗西斯·蒲福（Francis Beaufort）在 1805 年首次开发，用于描述风的速度和视觉上观察到的海面效应之间的关系。随着时间的推移，蒲福风级已被扩展应用于陆地观测，成为描述风力等级的国际标准。其具体分类如下：弱风，对应蒲福风级 1～3 级，风速 1～19 km/h（0.3～5.4 m/s）；中风，对应蒲福风级 4～5 级，风速 20～38 km/h（5.5～10.7 m/s）；强风，对应蒲福风级 6 级及以上，风速 39 km/h（10.8 m/s）及以上。

通过将观测到的风速数据与蒲福风级进行匹配，本书评估了不同风速下风光储系统的性能表现。这种分类方法不仅有助于系统地分析数据，而且可以准确地描述风力对系统性能的影响。

图 4-2 表示的是风电功率预测误差的直方图分布，黑色实线为非参数核密度估计（NKDE）分布方式得到的风电功率预测误差的概率密度分布；深红色为高斯混合模型（GMM）分布方式得到的风电功率预测误差的概率密度分布；紫色实线为 NKDE-GMM 联合概率分布方式得到的风电功率预测误差的概率密度分布。根据图 4-2 可以直观地看到利用三种分布方式得到的概率密度曲线描述的风电功率预测误差的分布特性。除此之外，还需要根据表 4-1 中三个指标定量分析三种分布方式在不同天气条件下风电功率预测误差的偏差。

如表 4-1 所示，无论是在强风、中风或者是弱风条件下，由 NKDE-GMM 联合概率分布方式得出的风电功率预测误差概率密度分布三项误差指标均小于非参数核密度估计（NKDE）分布方式与高斯混合模型（GMM）分布方式的结果。由此可知，利用由非参数核密度估计（NKDE）分布方式与高斯混合模型（GMM）分布方式通过一定权重得到的新的分布方式，能够更加精确地描述在不同天气下风电功率预测误差的分布特性。

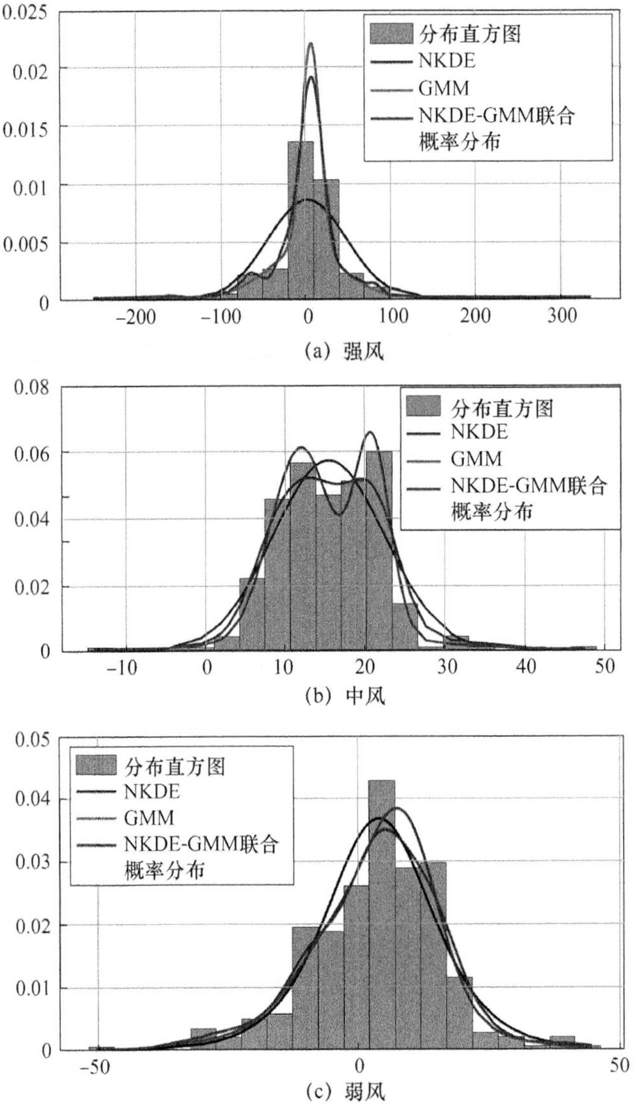

图 4-2　不同天气条件下风电功率预测误差概率密度分布

表 4–1　风电功率预测误差概率密度分布偏差

天气条件	指标	NKDE	GMM	NKDE-GMM	优选概率密度分布 **NKDE-GMM**
强风	MAE	0.8477	0.2272	0.1043	**0.1043**
	RMSE	0.0016	0.0004	0.0002	**0.0002**
	SSE	0.5324×10^{-4}	0.0339×10^{-4}	0.0048×10^{-4}	$\mathbf{0.0048\times10^{-4}}$
中风	MAE	0.0039	0.0024	0.0010	**0.0010**
	RMSE	0.0067	0.0041	0.0016	**0.0016**
	SSE	0.0009	0.0003	0.0002	**0.0002**
弱风	MAE	0.0029	0.0020	0.0019	**0.0019**
	RMSE	0.0042	0.0030	0.0027	**0.0027**
	SSE	0.3469×10^{-4}	0.1772×10^{-4}	0.1480×10^{-4}	$\mathbf{0.1480\times10^{-4}}$

由此表明，KNDE-GMM 联合概率分布为优选风电功率预测误差概率密度分布方式，在利用 NKDE-GMM 联合概率分布得到风电功率预测误差的概率密度分布之后，通过对比利用置信区间进行风电功率预测不确定性分布的定量计算。图 4–3 为本节优选预测分布方式在 95%、90%、85%和 80%置信水平下的风电功率预测置信区间分布图。

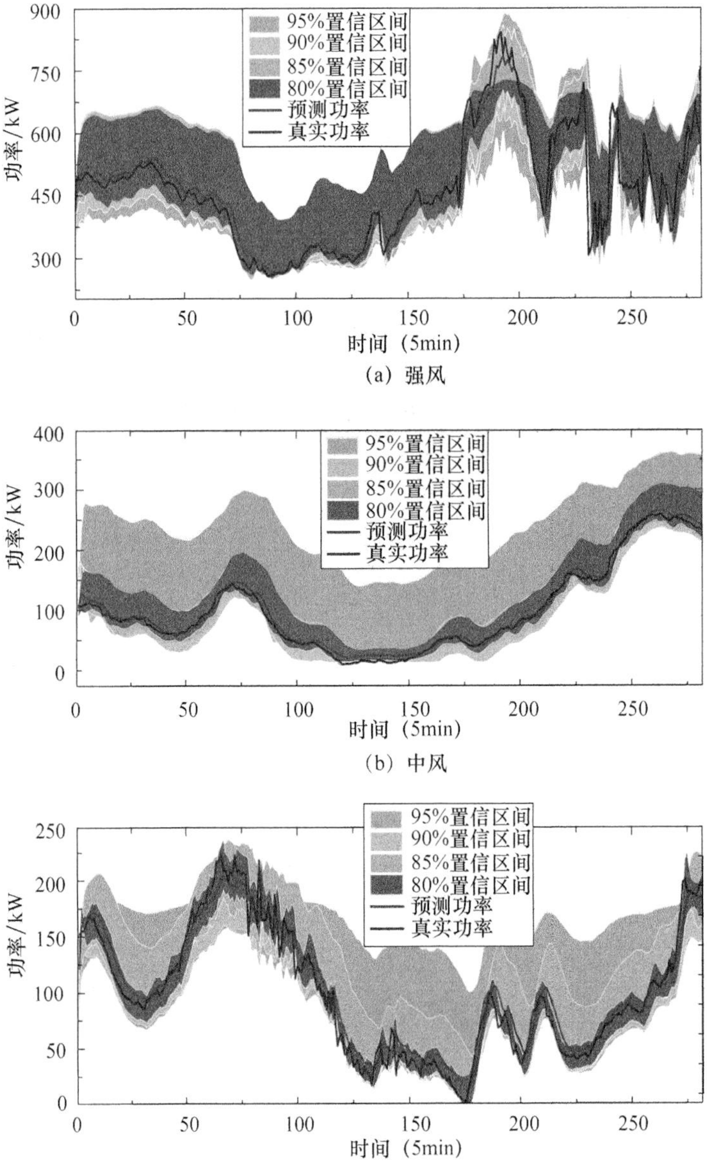

(a) 强风

(b) 中风

(c) 弱风

图 4-3　不同天气条件下优选分布方式风电功率预测置信区间

浅蓝色区域表示置信水平为 95%的情况下的风电混合功率预测置信区间，蓝紫色区域表示置信水平为 90%的情况下的风电混合功率预测置信区间，紫色区域表示置信水平为 85%的情况下的风电混合功率预测置信区间，绿色区域表示置信水平为 85%的情况下的风电混合功率预测置信区间。黑色和深红色实线分别表示风电功率预测值与真实值。由图 4–3 可知，在不同天气条件下，虽然有极少部分实际值没有落在置信区间范围内，但风电功率实际值的整体仍以大于置信水平的概率落在置信区间范围内。

表 4–2 为不同天气条件下，NKDE-GMM 联合概率分布方式得出的风电功率预测置信区间的覆盖率。由表 4–2 可知，不同天气条件下的风电功率预测置信区间的覆盖率均高于置信水平且与置信水平相近，从而验证了不同天气条件下优选分布方式的置信区间计算方法能够准确描述风电实际输出功率的分布范围。

表 4–2　风电功率预测置信区间覆盖率

天气条件	置信水平			
	95%	90%	85%	80%
强风	95.7%	92.6%	86.8%	81.5%
中风	96.2%	92.7%	86.3%	81.9%
弱风	97.4%	91.3%	86.7%	81.7%

2. 光伏功率预测误差概率性分析

通过分析不同分布方式下风电功率预测误差概率分布的结果可知，在不同天气条件下，本节提出的 NKDE-GMM 联合概率分布方式都表现出了优越性，并且通过覆盖率进一步验证了 NKDE-GMM 联合概率分布方式的准确性。除了风电之外，光伏在地面的应用具有间歇性和随机性，发电量受气候的影响较大。因此，也需要对光伏功率进行不确定性分析。本节还是分别采用非参数核密度估计（NKDE）、高斯混合模型（GMM）以及 NKDE-GMM 联合概率三种分布方式来进行光伏功率预测误差的概率密度估计，并对比分析光伏功率预测误差概率密度分布结果，选取最优的分布来求解光伏功率预测置信区间分布，定性、定量分析光伏功率预测的准确性。具体计算分析如下。

在利用置信区间进行光伏功率预测分布范围的计算时，首先要确定预测误差的概率密度分布特性。本节利用以上三种分布方式来计算在晴天、多云以及雨天的天气条件下光伏功率预测误差的概率密度分布并进行对比分析。

为了准确评估不同天气条件下太阳能系统的性能，本节采用太阳辐射指数（Solar Radiation Index，SRI）来分类晴天、多云和雨天。太阳辐射指数是一个表征地面接收太阳辐射量的量化工具，其值基于实测太阳辐射量与该地点特定日期理论最大太阳辐射量的比例计算得出，即太阳辐射指数定义为实测太阳辐射量与当日理论最大太阳辐射量之间的比值。

根据太阳辐射指数的值，天气状态可以按以下方式分类。

晴天：$ISR \geqslant 0.75$，这表明实际接收到的太阳辐射量接近理论最大值，说明天空清晰，云层覆盖极少。

多云：$0.5 < ISR < 0.75$，这反映了太阳辐射量受到适量云层的阻隔，但仍有显著量的太阳辐射到达地面。

雨天：$ISR \leqslant 0.5$，较低的太阳辐射指数表明密集的云层或降水事件显著阻碍了太阳辐射。

图 4–4 为光伏功率预测误差的直方图分布，黑色实线为非参数核密度估计（NKDE）分布方式得到的光伏功率预测误差的概率密度分布；深红色为高斯混合模型（GMM）分布方式得到的光伏功率预测误差的概

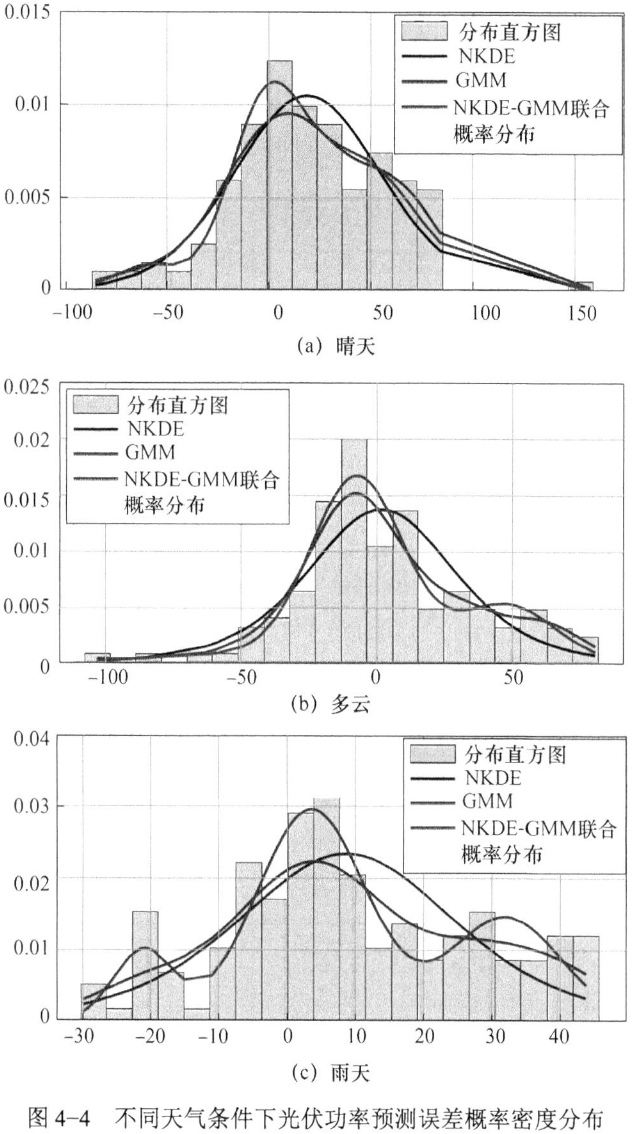

图 4-4　不同天气条件下光伏功率预测误差概率密度分布

率密度分布；紫色实线为 NKDE-GMM 联合概率分布方式得到的光伏功率预测误差的概率密度分布。根据图 4–4 可以直观地看到利用不同分布方式得到的概率密度分布曲线描述的光伏功率预测误差的分布特性。除此之外，还需要根据表 4–3 中的三个指标，定量分析三种分布方式在不同天气条件下得到的光伏功率预测误差概率密度分布的偏差。

表 4–3　光伏功率预测误差概率密度分布偏差

天气条件	指标	NKDE	GMM	NKDE-GMM	优选概率密度分布
					NKDE-GMM
晴天	MAE	0.0010	0.0008	0.0007	**0.0007**
	RMSE	0.0014	0.0011	0.0010	**0.0010**
	SSE	0.3911×10^{-4}	0.2580×10^{-4}	0.1927×10^{-4}	**0.1927×10^{-4}**
多云	MAE	0.0021	0.0012	0.0012	**0.0012**
	RMSE	0.0029	0.0018	0.0018	**0.0018**
	SSE	0.1649×10^{-3}	0.0646×10^{-3}	0.0621×10^{-3}	**0.0621×10^{-3}**
雨天	MAE	0.0053	0.0040	0.0036	**0.0036**
	RMSE	0.0064	0.0049	0.0042	**0.0042**
	SSE	0.8134×10^{-4}	0.4891×10^{-4}	0.3462×10^{-4}	**0.3462×10^{-4}**

如表 4–3 所示，无论是在晴天、多云或者是雨天条件下，由 NKDE-GMM 联合概率分布方式得出的光伏功率预测误差概率密度分布三项误差指标均小于非参数核密度估计（NKDE）分布方式与高斯混合模型（GMM）分布方式的结果，由此可知，利用由非参数核密度估计（NKDE）分布方式与高斯混合模型（GMM）分布方式通过一定权重得到的新的混合分布方式能够更加精确地描述在不同天气下光伏功率预测误差的分布特性。

在对光伏功率进行不确定分析时，NKDE-GMM 联合概率分布方式在不同天气条件下都能很准确地描述光伏功率预测误差的分布情况。在利用 NKDE-GMM 联合概率分布方式得到光伏功率预测误差的概率密度分布之后，就可以利用置信区间进行光伏功率预测不确定性分布的定量计算。图 4–5 为 NKDE-GMM 联合概率分布方式在 95%、90%、85%和 80%置信水平下的光伏功率预测置信区间分布图。

橙色区域表示置信水平为 95%的情况下的光伏混合功率预测置信区间，黄色区域表示置信水平为 90%的情况下的光伏混合功率预测置信区间，绿色区域表示置信水平为 85%的情况下的光伏混合功率预测置信区间，棕色区域表示置信水平为 80%的情况下的光伏混合功率预测置信区间。黑色和深红色实线分别表示光伏功率预测值与真实值。由图 4–5 可知，在不同天气条件下，虽然有极少部分实际值没有落在置信区间范围内，但光伏功率实际值的整体仍以大于置信水平的概率落在置信区间范围内。

表 4–4 为不同天气条件下，NKDE-GMM 联合概率分布方式得出的光伏功率预测置信区间的覆盖率。由表 4–4 可知，不同天气条件下的光伏功率预测置信区间的覆盖率均高于置信水平且与置信水平相近，从而验证了不同天气条件下优选分布方式的置信区间计算方法能够准确描述光伏实际输出功率的分布范围。

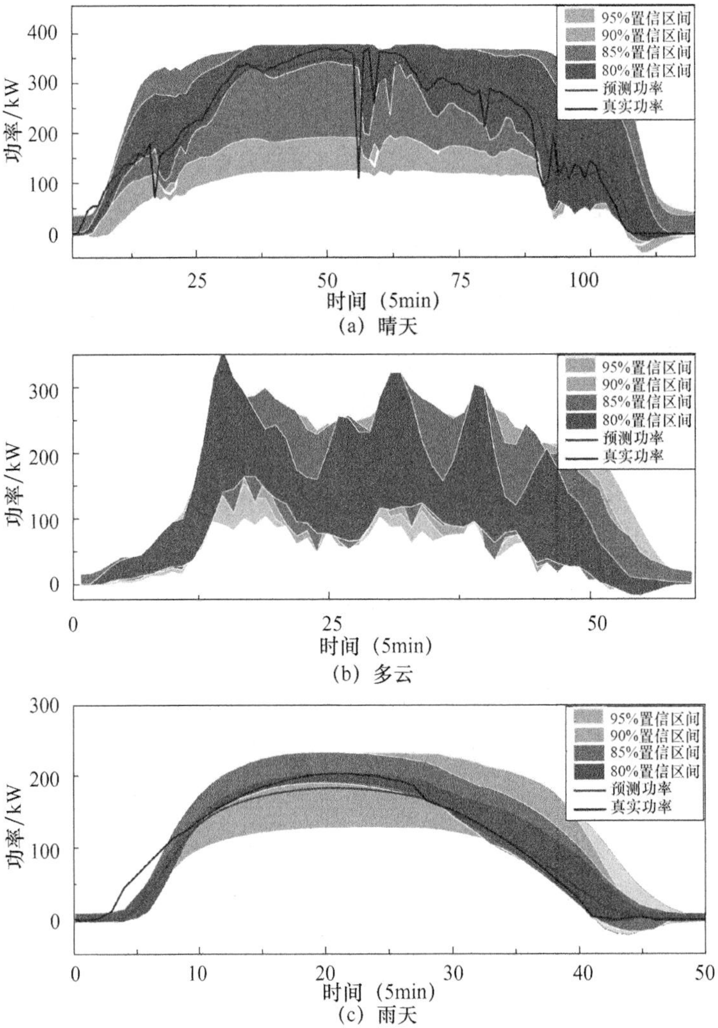

图 4–5　不同天气条件下优选分布光伏功率预测置信区间

表 4–4　光伏功率预测置信区间覆盖率

天气条件	置信水平			
	95%	90%	85%	80%
晴天	96.7%	92.5%	86.3%	82.1%
多云	96.8%	92.3%	87.3%	82.1%
雨天	96.3%	91.4%	86.5%	82.6%

3. 风电、光伏混合预测功率概率性分析

本节提出的 NKDE-GMM 联合概率分布方式在风电、光伏功率预测误差概率密度分布方面体现出了优越性，但仅对于风电或光伏单独进行不确定性分析，忽略了风电和光伏功率的关联特性。实际上区域内的天气系统是具有惯性的，各类天气要素也是高度耦合相关的。考虑到风电、光伏功率的耦合相关，本节在进行不确定性分析时依旧分别采用以上三种分布方式来进行风电、光伏功率预测误差的概率密度估计，并进行对比分析，然后选取最优的分布来建立置信区间，定量分析风电、光伏功率预测的不确定性。具体计算分析如下。

在利用置信区间进行风电、光伏功率预测分布范围的计算时，首先要确定预测误差的概率密度分布特性。本节利用非参数核密度估计和高斯混合模型来计算在晴天弱风、多云强风、雨天中风三种天气条件下风电、光伏混合功率预测误差的概率密度分布并进行对比分析。

图 4–6 为风电、光伏混合功率预测误差的直方图分布，黑色实线为非参数核密度估计（NKDE）分布方式得到的风电、光伏混合功率预测误差的概率密度分布；深红色为高斯混合模型（GMM）分布方式得到的风电、光伏混合功率预测误差的概率密度分布；紫色实线为 NKDE-GMM 联合概率分布方式。

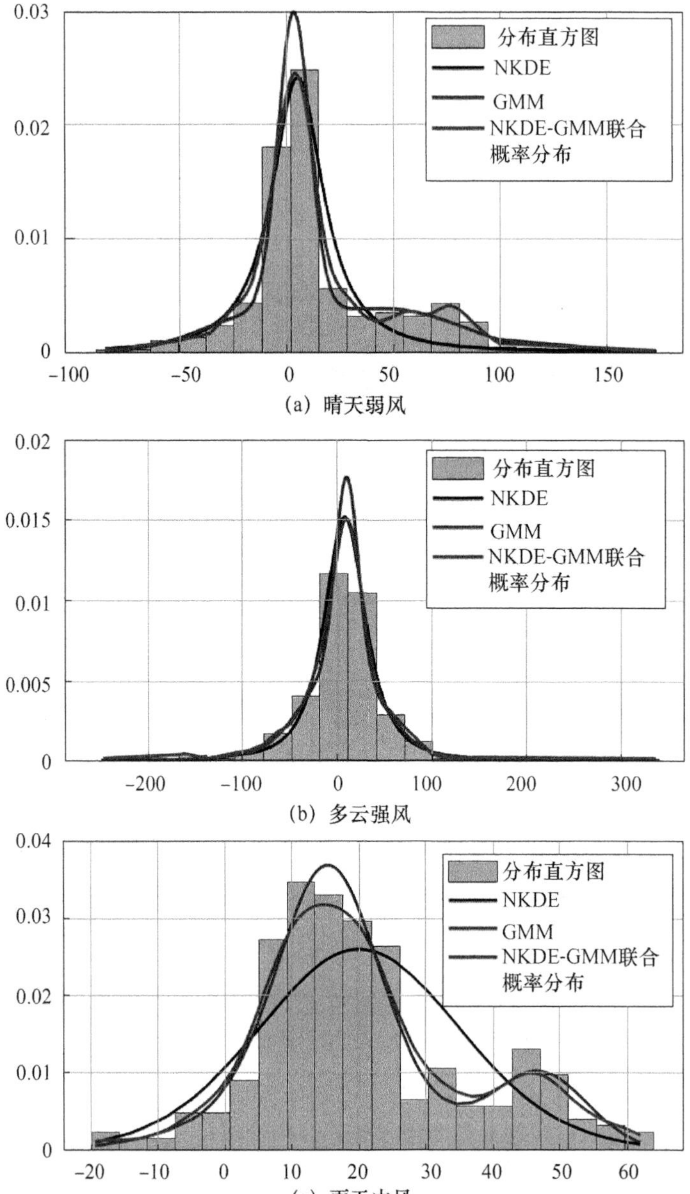

图 4-6　不同天气条件下风电、光伏混合功率预测误差概率分布

得到的风电、光伏混合功率预测误差的概率密度分布。根据图 4–6 可以直观地看到利用不同分布方式得到的概率密度曲线描述的风电、光伏混合功率预测误差的分布特性。除此之外，还需要根据表 4–5 中的三个指标，定量分析三种分布方式在不同天气条件下得到的风电、光伏混合功率预测误差概率密度分布的偏差。

表 4–5　风电、光伏混合功率预测误差概率密度分布偏差

天气条件	指标	NKDE	GMM	NKDE-GMM	优选概率密度分布 **NKDE-GMM**
晴天弱风	MAE	0.0025	0.0004	0.0004	**0.0004**
	RMSE	0.0042	0.0008	0.0005	**0.0005**
	SSE	0.3530×10^{-3}	0.0116×10^{-3}	0.0050×10^{-3}	$\mathbf{0.0050\times10^{-3}}$
多云强风	MAE	0.7002	0.0621	0.0621	**0.0621**
	RMSE	0.0012	0.0002	0.0001	**0.0001**
	SSE	0.3066×10^{-4}	0.0054×10^{-4}	0.0017×10^{-4}	$\mathbf{0.0017\times10^{-4}}$
雨天中风	MAE	0.0054	0.0023	0.0021	**0.0021**
	RMSE	0.0068	0.0029	0.0028	**0.0028**
	SSE	0.9277×10^{-3}	0.1625×10^{-3}	0.1536×10^{-3}	$\mathbf{0.1536\times10^{-3}}$

如表 4–5 所示，无论是在什么天气条件下，由 NKDE-GMM 联合概率分布方式得出的风电、光伏混合功率预测误差概率密度分布三项误差指标均小于非参数核密度估计（NKDE）分布方式与高斯混合模型（GMM）分布方式的结果，由此可知，利用由非参数核密度估计（NKDE）分布方式与高斯混合模型（GMM）分布方式通过一定权重得到的新的混合分布方式能够更加精确地描述在不同天气下风电、光伏混合功率预测误差的分布特性。

在对风电、光伏混合功率进行不确定分析时，NKDE-GMM 联合概率分布方式在不同天气条件下都能很准确地描述风电、光伏混合功率预测误差的分布情况。在利用 NKDE-GMM 联合概率分布方式得到风电、光伏混合功率预测误差的概率密度分布之后，就可以利用置信区间进行风电、光伏混合功率预测不确定性分布的定量计算。图 4–7 为 NKDE-GMM 联合概率分布方式在 95%、90%、85%和 80%置信水平下的风电、光伏混合功率预测置信区间分布图。

如图 4–7 所示，浅蓝色区域表示置信水平为 95%的情况下的风电、光伏混合功率预测置信区间，深棕色区域表示置信水平为 90%的情况下的风电、光伏混合功率预测置信区间，土黄色区域表示置信水平为 85%的情况下的风电、光伏混合功率预测置信区间，深蓝色区域表示置信水平为 80%的情况下的风电、光伏混合功率预测置信区间。黑色和深红色实线分别表示风电、光伏混合功率预测值与真实值。由图 4–7 可知，在不同天气条件下，虽然有极少部分实际值没有落在置信区间范围内，但风电、光伏混合功率实际值的整体仍以大于置信水平的概率落在置信区间范围内。

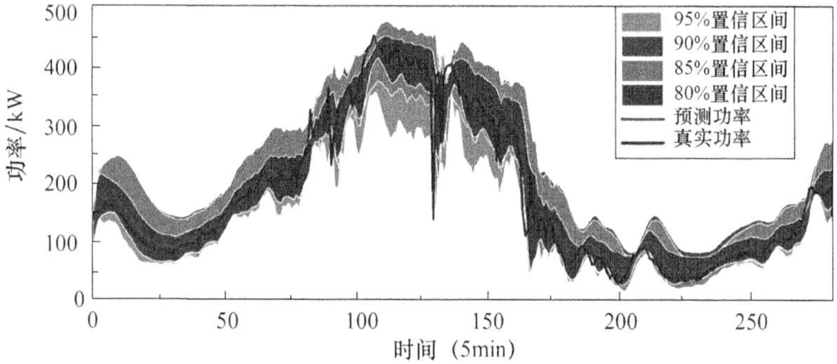

(a) 晴天弱风

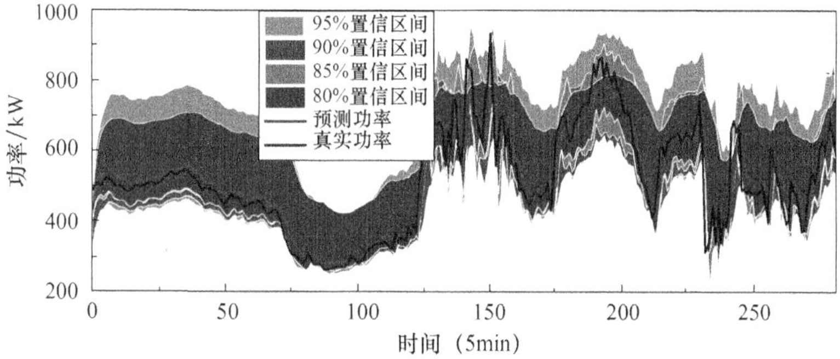

(b) 多云强风

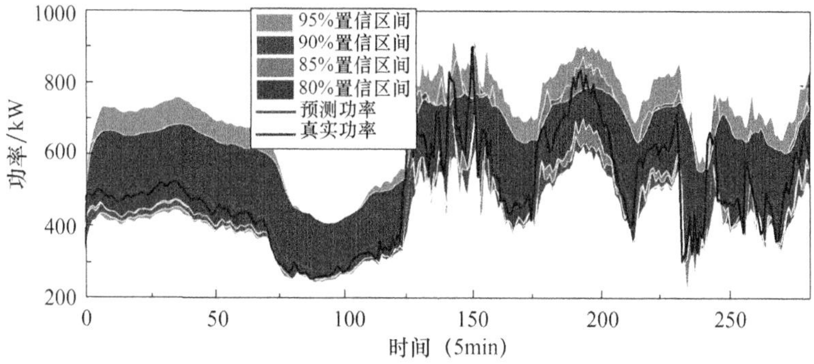

(c) 雨天中风

图 4-7　不同天气条件下优选分布风电、光伏混合功率预测置信区间

表 4–6 为不同天气条件下，NKDE-GMM 联合概率分布方式得出的风电、光伏混合功率预测置信区间的覆盖率。由表 4–6 可知，不同天气条件下的风电、光伏混合功率预测置信区间的覆盖率均高于置信水平且与置信水平相近，从而验证了不同天气条件下优选分布方式的置信区间计算方法能够准确描述风电、光伏混合实际输出功率的分布范围。

表 4–6　风电、光伏混合功率预测置信区间覆盖率

天气条件	置信水平			
	95%	90%	85%	80%
晴天弱风	95.4%	91.7%	85.4%	82.4%
多云强风	95.6%	91.3%	87.6%	81.5%
雨天中风	97.4%	91.2%	87.3%	82.1%

为了能够准确描述风电、光伏混合功率不确定性，本章首先分析风电、光伏混合功率预测误差的主要影响因素。采用非参数核密度估计（NKDE）、高斯混合模型（GMM）以及本节提出的 NKDE-GMM 联合概率三种分布方法，通过分布直方图定性分析、三种误差分析指标定量分析不同天气条件下风电功率、光伏功率、风电和光伏混合功率预测误差分布并选出优选分布方式。最后采用的优选分布方式为 NKDE-GMM 联合概率分布方式，并且分别得出风电、光伏、风电和光伏混合功率预测置信区间，并且通过功率预测样本点覆盖率验证了 NKDE-GMM 联合概率分布方式的准确性。

4.2　计及风电、光伏功率预测误差及不确定性分析的混合储能容量优化配置

4.2.1　风光互补混合储能发电系统结构

1. 混合储能系统

为了能够使得风光互补系统稳定持续供电，相应的储能系统必不可少。储能技术作为新能源产业的重要支撑技术，常用于克服可再生能源发电的间歇性、改善电能质量。随着储能技术的发展，锂离子电池（lithium-ion battery，LiB）以其较高的能量密度、较好的功率性能、极低的自放电率和较低的成本，成为新能源产业中应用最为广泛的储能器件。但单纯由 LiB 构成的储能系统仍有许多不足之处，例如在低温下使用时其性能劣化严重、寿命快速衰减，大倍率脉冲放电以及功率吞吐需求波动较大的工况也会导致 LiB 储能系统的快速老化；此外，由于 LiB 功率性能并不突出，在功率需求高、能量需求低，抑或对储能系统有着长寿命要求的应用场景下需要堆叠过多的电池单体，这会导致系统体积、重量过大，电池购置、运行与管理成本高昂。

如何改善 LiB 的工作条件、减缓其容量衰减，成了储能技术研究的核心问题。将两种或两种以上的储能系统组合成一个混合储能系统（hybrid energy storage systems，HESS）可以扬长避短，较好地解决低温、大倍率脉冲放电以及功率波动影响 LiB 系统寿命的问题；风光互补混合

储能发电系统中的功率型器件和能量型器件可以按照应用需求灵活配置，能够避免堆叠过多的电池单体，降低储能系统购置、运行与管理成本。当前主流储能系统的性能参数如表 4–7 所示，其中超级电容器（supercapacitor，SC）在体积、成本、工作方式、日历寿命等应用条件方面与 LiB 接近，而在功率密度、能量密度、日自放电率、循环寿命等电气性能方面与 LiB 可以形成很好的互补，由 LiB 和 SC 构成的 HESS 已被广泛用作各类电动交通工具的动力源或功率缓冲系统，以及电网、风电场与光伏电站的配套储能系统；目前学界关于风光互补混合储能发电系统的研究也大多基于 LiB 与 SC 构成的 HESS 展开。

表 4–7　主流储能系统的性能参数

储能类型	功率密度/（W/kg）	能量密度/（W・h/kg）	日自放电率（%）	响应时间	效率（%）	日历寿命/年	循环寿命/次
压缩空气	—	30～60	0	数秒至数分钟	40～70	20～40	—
飞轮	400～1600	5～130	20～100	数毫秒至数秒	80～90	15～20	10^4～10^7
超级电容器	3000～5 0000	5～20	2～40	数毫秒	85～98	5～12	10^5～10^6
铅酸电池	20～200	30～50	0.1～1	数毫秒	78～85	5～10	500～2000
锂离子电池	250～450	130～250	0.1～0.3	数毫秒	80～95	5～10	1000～3000
钠离子电池	100～120	100～150	0.1～0.2	数毫秒	80～90	1～5	1000～1200
液流电池	—	30～50	0～1	数毫秒至数秒	70～85	10～20	>10^4
燃料电池	3000～5400 W/L	500～3000	0.5～2	数秒至数分钟	20～66	5～30	10^3～10^4

虽然锂离子电池/超级电容器（LIB/SC）混合储能系统相比纯 LiB 储能系统有明显优势，但要实现 LiB 与 SC 的优势互补，需要将负载的实时功率在二者之间进行科学合理的分配，这给 LIB/SC 混合储能系统的能量管理策略设计带来了不小的挑战。因此，本节旨在将风光互补混合储能发电系统进行合理的分配，以提高其经济性与可靠性。

2. 风光互补混合储能发电系统

风光互补混合储能发电系统通常简称为风光储系统，是将风力发电与太阳能发电光伏发电结合起来，利用两者的互补性，再配备储能系统，形成一个混合发电系统，可以使清洁能源更加高效稳定地提供电力。在我国，关于风光储系统的研究与应用主要集中在小型离网系统中，图 4-8 为独立型风光储系统结构的简易示意图。

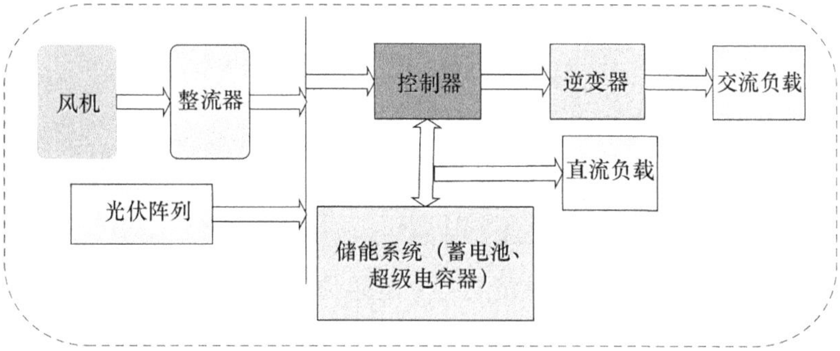

图 4-8　独立型风光储系统结构示意

从图 4-8 中可以看出，独立型风光储系统主要包括风力发电系统、光伏发电系统、储能系统、智能控制系统和电力负荷系统。关于储能方面，本节主要考虑将蓄电池与超级电容器优势互补，形成一个混合储能系统。独立型风光储系统的容量优化配置即在满足系统发电可靠性的条件下，寻求一种经济性较优的配置方案。目前，系统中各发电设备的价格均比较昂贵，尤其是光伏组件和蓄电池，因此需对系统中风机、光伏阵列、蓄电池和超级电容器的数量进行合理分配。

4.2.2 基于风电、光伏功率预测误差的风光储系统运行策略

1. 可靠性指标

一个发电系统在发电的过程中，首要考虑的就是系统运行的可靠性。国际上普遍采用负荷缺电率（Loss of Power Supply Probability，LPSP）来表征风光储系统的可靠性。负荷缺电率是描述离网型发电系统有功功率供给亏欠大小的指标，反映了系统给负荷供电的稳定水平。负荷缺电率为负荷缺电量与负荷总需求量的比值，具体计算如下所示：

$$\mathrm{LPSP} \leqslant \mathrm{LPSP}_{\max} \tag{4-18}$$

$$\mathrm{LPSP}=\sum_{t=1}^{T}\frac{\left\{P_l(t)-\left[P_{\mathrm{w}}(t)+P_{\mathrm{pv}}(t)\right]\right\}\times\Delta t}{E_1(\Delta t)} \tag{4-19}$$

式中，$P_{\mathrm{w}}(t)$、$P_{\mathrm{pv}}(t)$分别为 t 时刻风电、光伏功率预测值（kW）；$P_1(t)$为 t 时刻负载功率（kW）；$E_1(\Delta t)$ 为时间间隔为 Δt 的负荷需求量（kW·h）。

由于风电、光伏功率预测具有一定的预测误差，为了更好地描述风光储系统的负荷缺电率，本节提出了一种考虑风电、光伏功率预测误差的负荷缺电率计算方法，具体公式为

$$\mathrm{LPSP}=\sum_{t=1}^{T}\frac{\left\{P_1(t)-\left[P_{\mathrm{w}}(t)+P_{\mathrm{pv}}(t)+\int e_t f(e_t)\right]\right\}\times\Delta t}{E_1(\Delta t)} \tag{4-20}$$

式中，e_t与$f(e_t)$分别为 t 时刻风电、光伏功率预测误差以及预测误差概率密度分布函数。

2. 储能系统运行策略

本节提出了蓄电池和超级电容器优势互补运行策略，对于保证系统稳定具有重大意义。关于储能系统充放电，其主要取决于三个方面：

（1）蓄电池和超级电容器的荷电状态。在满足荷电约束条件时才可对储能系统进行充放电。

（2）某一时刻向储能系统充放电的功率大小。由于蓄电池过度和频繁充放电会降低电池使用寿命，需对蓄电池充放电功率进行约束。

（3）风光储系统某一时刻的负荷缺电量。当风电、光伏功率足以承担负载时，需要向储能系统充电；如果风电、光伏功率不足，则需要储能系统放电来辅助风光互补系统。

储能系统运行策略具体如图 4–9 所示。

图 4–9 中，$SOC_B(t)$、$SOC_C(t)$分别为蓄电池和超级电容器在 t 时刻的荷电状态；$SOC_{B,min}$、$SOC_{B,max}$ 分别为蓄电池荷电状态最小值和最大值；$SOC_{C,min}$、$SOC_{C,max}$ 分别为超级电容器荷电状态最小值和最大值；$P_{BC}(t)$、$P_{BD}(t)$分别为某一时刻蓄电池的充电功率和放电功率（kW）；$P_{CC}(t)$、$P_{CD}(t)$分别为某一时刻超级电容器的充电功率和放电功率（kW）；η_{BC}、η_{BD} 分别为蓄电池的充电效率和放电效率（%）；η_{CC}、η_{CD} 分别为超级电容器的充电效率和放电效率（%）。

（1）当可再生能源系统供电负载功率有剩余时，应优先考虑为储能系统充电，因此需要先判断储能系统是否达到了充电条件。储能系统是否满足充电条件主要是看储能系统的荷电状态，对于超级电容器来说，需要通过它的荷电状态是否达到最大值来判断，如果未达到最大值就可以充电，反之则无法充电。而对于蓄电池来说，过度充放电并且多次充放电则会对其造成损伤，因此蓄电池不应频繁充电。正如超级电容器的充电条件是荷电状态不可以达到最大值，充放电功率也需要满足一定条件，具体运行策略如下。

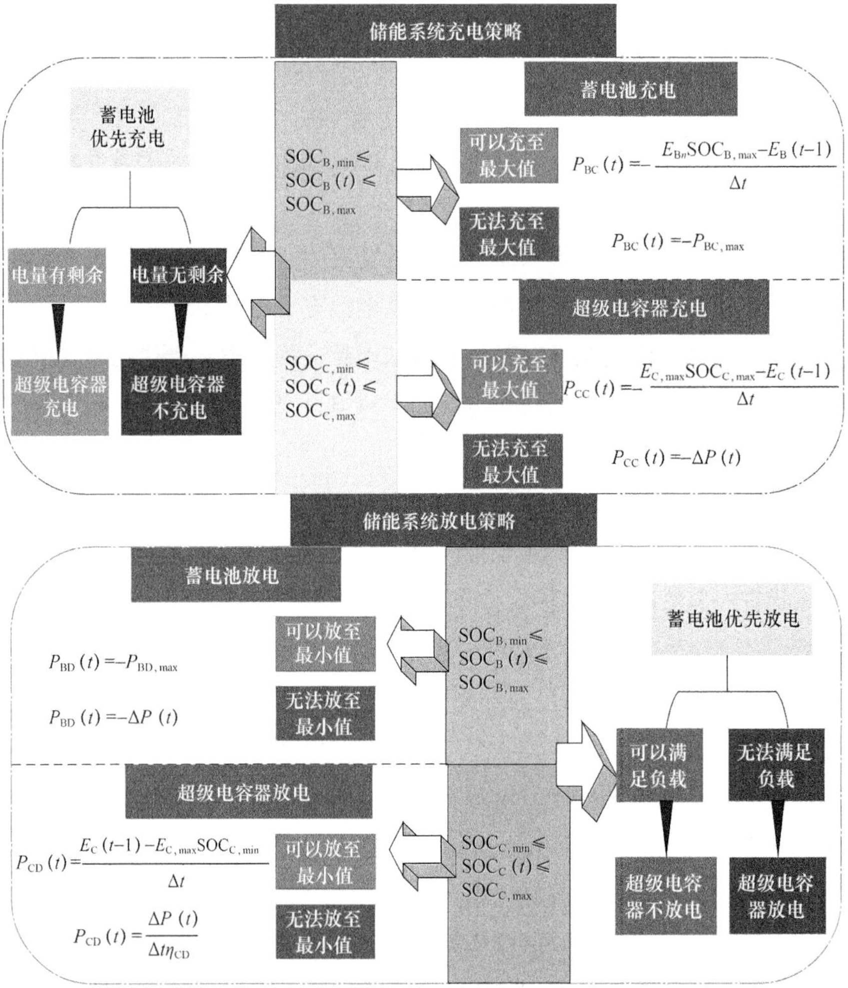

图 4-9　储能系统运行策略

①首先需要判断蓄电池和超级电容器的荷电状态 SOC 是否达到了最大值，如果 $SOC_B(t)$与 $SOC_C(t)$皆已达到最大值，则不符合充电条件，那么此时 $P_{BC}(t)$与 $P_{CC}(t)$都为 0。

②以上是蓄电池和超级电容器荷电状态都已达到最大值的情况，接下来需要考虑 $SOC_B(t)$达到最大值且 $SOC_C(t)$并未达到最大值的情况。此时蓄电池依然无法再进行充电，$P_{BC}(t)=0$；然而超级电容器却满足充电条件，因为超级电容器的最大优势就是可以快充快放且不会损坏，此时剩余功率可以将超级电容器充满，如式（4-21）所示：

$$\Delta P(t)\Delta t \geqslant \frac{E_{Bn}SOC_{B,max}-E_B(t-1)}{\eta_{BC}} \tag{4-21}$$

此时，超级电容器的充电功率如式（4-22）所示：

$$P_{CC}(t)=-\frac{E_{C,max}SOC_{C,max}-E_C(t-1)}{\Delta t} \tag{4-22}$$

如果此刻 $SOC_B(t)$未达到最大值且 $SOC_C(t)$达到最大值，也就是说此刻蓄电池可以进行充电而超级电容器无法进行充电，$P_{CC}(t)=0$。而考虑蓄电池如何充电则还需要了解此刻的净功率 $\Delta P(t)$与蓄电池此刻的荷电状态，如果净功率足以将蓄电池充满，且将蓄电池充满电的充电功率满足蓄电池充放电功率约束，则对蓄电池进行充电，蓄电池充电功率如下式所示：

$$\Delta P(t)\Delta t \geqslant \frac{E_{Bn}SOC_{B,max}-E_B(t-1)}{\eta_{BC}} \tag{4-23}$$

$$P_{BC}(t)=-\frac{E_{Bn}SOC_{B,max}-E_B(t-1)}{\Delta t} \tag{4-24}$$

如果此刻净功率无法将蓄电池充满，但是净功率大于 $P_{BC,max}$，此时蓄电池充电功率为

$$P_{BC}(t)=-P_{BC,max} \tag{4-25}$$

如果此刻净功率满足蓄电池充放电的约束条件，那么蓄电池充电功率为

$$P_{BC}(t)=-\Delta P(t) \tag{4-26}$$

③如果此刻蓄电池和超级电容器同时满足充电条件，也就是 $SOC_B(t)$ 与 $SOC_C(t)$ 均未达到最大值，那么应该先为蓄电池进行充电，如果充电之后还有剩余电量则为超级电容器充电，蓄电池和超级电容的充电策略如前文所述，此处不再赘述。

（2）当可再生能源系统供电负载功率不足时，应优先考虑储能系统进行放电，因此需要先判断储能系统是否达到了放电条件。同样，储能系统是否满足充电条件主要是看储能系统的荷电状态 SOC。对于超级电容器来说，需要判断它的荷电状态是否处于最小值，如果是则无法放电；而对于蓄电池来说，除了如超级电容器一样荷电状态不可以达到最小值以外，充放电功率也需要满足一定条件。具体运行策略如下。

①首先需要判断蓄电池和超级电容器的荷电状态 SOC 是否达到最小值，如果 $SOC_B(t)$ 与 $SOC_C(t)$ 皆已达到最小值，则不符合放电条件，那么此时 $P_{BD}(t)$ 与 $P_{CD}(t)$ 都为 0。

②以上讲述了蓄电池和超级电容器荷电状态都已达到最小值的情况，接下来需要考虑 $SOC_B(t)$ 达到最小值而 $SOC_C(t)$ 并未达到最小值的情况。此时蓄电池依然无法进行放电，$P_{BC}(t)=0$；然而超级电容器却满足放电条件，因为超级电容器的最大优势就是可以快充快放且不会损坏，此时如果超级电容器进行放电直至 $SOC_C(t)$ 达到最小值，仍然不满足或刚好满足负载电量缺失，超级电容器的放电功率如式（4–27）和式（4–28）所示：

$$\Delta P(t)\Delta t \geqslant \left[E_C(t-1)-E_{C,max}SOC_{C,min}\right]\eta_{CD} \tag{4–27}$$

$$P_{CD}(t)=\frac{E_C(t-1)-E_{C,max}SOC_{C,min}}{\Delta t} \tag{4–28}$$

然而，如果超级电容器放电足以满足负载电量缺失，其放电功率为

$$P_{CD}(t)=\frac{\Delta P(t)}{\Delta t\eta_{CD}} \tag{4–29}$$

如果此刻 $SOC_B(t)$未达到最大值且 $SOC_C(t)$未达到最大值，也就是说此刻蓄电池可以进行充电而超级电容器无法进行放电，$P_{CD}(t)=0$。而蓄电池如何充电则还需要考虑此刻的净功率 $\Delta P(t)$与蓄电池此刻的荷电状态，如果蓄电池放电无法满足电量缺失，且将蓄电池充满电时的充电功率满足蓄电池充放电功率约束，则对超级电容器进行充电，蓄电池充电功率如式（4–30）所示：

$$\Delta P(t)\Delta t \geqslant -\left[E_B(t-1)-E_{Bn}SOC_{B,min}\right]\eta_{BD} \tag{4-30}$$

如果此刻蓄电池放电无法满足负载电量缺失，但是净功率大于 $P_{BD,max}$，此时蓄电池充电功率为

$$P_{BD}(t)=-P_{BD,max} \tag{4-31}$$

如果此刻蓄电池放电可以满足负载电量缺失，且净功率满足蓄电池放电约束条件，那么此刻蓄电池充电功率为

$$P_{BD}(t)=-\Delta P(t) \tag{4-32}$$

③如果此刻蓄电池和超级电容器同时满足充电条件，也就是 $SOC_B(t)$ 与 $SOC_C(t)$均未达到最小值，那么应该先为蓄电池进行放电，如果放电之后还有剩余电量则为超级电容器充电，蓄电池和超级电容器的放电策略如前文所述，此处不再赘述。

4.2.3　基于改进人工鱼群算法的混合储能系统容量优化模型

1. 改进人工鱼群算法

本节根据参数的特点，调整了人工鱼群的视野范围（Visual）、移动步长（Step）和拥挤度因子（δ）。这是因为固定的参数会在优化后期引起振荡，导致算法精度不高。

$$\text{Visual}(t)=\begin{cases}\text{Visual}(t-1)\times\alpha+0.5, \text{Visual}(t-1)\geqslant 3\\ 3, \text{Visual}(t-1)<3\end{cases} \tag{4-33}$$

随着迭代次数的增加，α 从 1 减小到 0。如图 4–10 所示，在初始阶段，参数 Visual 会逐渐增大，以增强人工鱼的全局搜索能力，当达到某一最大值时，参数 Visual 会逐渐减小，直至减小到本节所设置的 Visual 最小值。

$$\text{Step}=\text{Step}\times\alpha+\text{Step}_{\min} \tag{4-34}$$

$$\alpha=e^{-30\times(\text{gen}/\text{try\_number})} \tag{4-35}$$

参数 Step 将逐渐增大。在迭代初期，参数 Step 值越高，越有利于提高结果的准确性。在迭代的后期，为了加快收敛速度，它会减小。

$$\delta=\begin{cases}\alpha\times\beta, \delta<1\\ 1, \delta\geqslant 1\end{cases} \tag{4-36}$$

人工鱼的过度拥挤会使优化结果陷入局部最优值，通过引入 δ 可以避免。参数 δ 通过指数衰减得到改善。它逐渐减小，以提高算法的搜索精度。具体优化过程如图 4–10 所示。

步骤 1：在给定范围内初始化人工鱼群，对参数进行衰减调整。

步骤 2：X_i 是人工鱼当前的状态，人工鱼从群聚行为中得到 X_{next1} 和 Y_{next1}。

步骤 3：人工鱼通过追尾行为获得 X_{next2} 和 Y_{next2}。

步骤 4：若 $Y_{\text{next1}}<Y_{\text{next2}}$，则 $Y_i=Y_{\text{next1}}$；否则 $Y_i=Y_{\text{next2}}$。

步骤 5：更新迭代，确定最优解。

2. 经济性目标

生命周期成本（Life Cycle Cost，LCC）可以用来表征独立型风光储系统在其寿命运行周期内的总成本，包括系统初建时各发电设备的购置

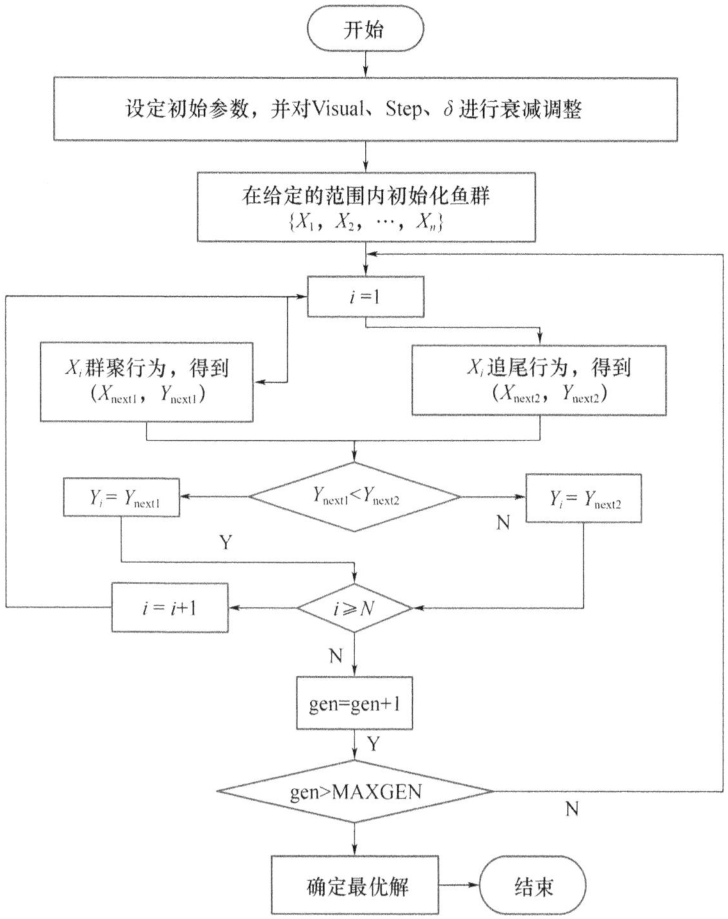

图 4-10　人工鱼群算法流程

成本、系统运行时的维护成本、设备更换所需成本，以及因发电系统缺电引起的经济损失成本。选用 LCC 作为系统的经济性优化目标，可以在一定程度上降低配置方案的成本，反映出该配置方案的经济性是否优良。同时，考虑到风电、光伏功率预测误差带来的影响，需要增加其实际功率超出置信范围的惩罚成本。本节提出了考虑风电、光伏功率预测误差的生命周期成本模型：

$$\text{LCC} = C_{\text{in}} + C_{\text{m}} + C_{\text{cop}} + C_{\text{pun}} \tag{4-37}$$

式中，C_{in}为设备购置成本；C_{m}为设备运行维护成本；C_{cop}为系统缺电造成的经济损失成本；C_{pun}为风电、光伏实际功率超出置信范围的惩罚成本。

设备购置成本：

$$C_{\text{in}} = c_{\text{w}} \times N_{\text{w}} + c_{\text{pv}} \times N_{\text{pv}} + c_{\text{b}} \times N_{\text{b}} \times k_{\text{b}} + c_{\text{c}} \times N_{\text{c}} \times k_{\text{c}} \tag{4-38}$$

式中，N_{w}、N_{pv}、N_{b}、N_{c}分别为风机、光伏电池板、蓄电池和超级电容器的安装数量；c_{w}、c_{pv}、c_{b}、c_{c}分别为单个风机、光伏板、蓄电池和超级电容器的购置费用；k_{b}、k_{c}分别为蓄电池和超级电容器在系统寿命周期内需要更换的次数。

设备运行维护成本：

$$C_{\text{m}} = (c'_{\text{w}} \times N_{\text{w}} + c'_{\text{pv}} \times N_{\text{pv}} + c'_{\text{b}} \times N_{\text{b}} + c'_{\text{c}} \times N_{\text{c}})y_{\text{t}} \tag{4-39}$$

式中，c_{w}'、c_{pv}'、c_{b}'、c_{c}'分别为单个风机、光伏板、蓄电池和超级电容器的维护成本；y_{t}为系统寿命（年）。

系统缺电造成的经济损失成本：

$$C_{\text{cop}} = k \times N_{\text{sys}} \times \text{LPSP} \times c_{\text{d}} \tag{4-40}$$

式中，k为惩罚系数；N_{sys}为系统寿命（年）；c_{d}为电费单价。

风电、光伏实际功率超出置信范围的惩罚成本：

$$F_{\text{p}} = C_{\text{p}} \times (P_{\text{u}} - P_{\text{d}}) \tag{4-41}$$

式中，C_{P}为实际光伏、风电功率超过置信区间时的惩罚因子；P_{u}为风电、光伏实际功率超出风电、光伏预测功率上限的部分（kW）；P_{d}为风电、光伏实际功率低于风电、光伏预测功率下限的部分（kW）。

$$\begin{cases} P_{\text{u}} = \sum_{t=1}^{T} \left[P_{\text{true}}(t) - P_{\text{up}}(t) \right] \times \Delta t, P_{\text{true}}(t) > P_{\text{up}}(t) \\ P_{\text{d}} = \sum_{t=1}^{T} \left[P_{\text{low}}(t) - P_{\text{true}}(t) \right] \times \Delta t, P_{\text{low}}(t) > P_{\text{true}}(t) \end{cases} \tag{4-42}$$

式中，$P_{up}(t)$为 t 时刻风电、光伏预测功率置信区间的上限（kW）；$P_{low}(t)$为 t 时刻风电、光伏预测功率置信区间的下限（kW）；$P_{true}(t)$为风电、光伏的实际功率（kW）。

3. 约束条件

（1）储能系统的容量配置约束。

$$\begin{aligned} P_{B,\min} \leqslant P_B \leqslant P_{B,\max} \\ P_{C,\min} \leqslant P_C \leqslant P_{C,\max} \end{aligned} \tag{4-43}$$

式中，$P_{B,min}$、$P_{B,max}$ 分别为蓄电池最小、最大容量配置（kW·h）；P_B 为蓄电池容量（kW·h）；$P_{C,min}$、$P_{C,max}$ 分别为超级电容器最小、最大容量配置（kW·h）；P_C 为超级电容器容量（kW·h）。

（2）储能电量约束。

以荷电状态 SOC 表示蓄电池和超级电容器当前的电量状态。蓄电池和超级电容器充放电时的荷电状态分别为

$$\begin{cases} \mathrm{SOC_B}(t)=\mathrm{SOC_B}(t-1)-\dfrac{P_{BC}(t)\Delta t\eta_{BC}}{E_{Bn}}, P_{BC}(t)<0 \\ \mathrm{SOC_B}(t)=\mathrm{SOC_B}(t-1)-\dfrac{P_{BD}(t)\Delta t}{E_{Bn}\eta_{BD}}, \mathrm{P_{BD}}(t)>0 \end{cases} \tag{4-44}$$

$$\begin{cases} \mathrm{SOC_C}(t)=\mathrm{SOC_C}(t-1)-\dfrac{P_{CC}(t)\Delta t\eta_{CC}}{E_{Cn}}, P_{CC}(t)<0 \\ \mathrm{SOC_C}(t)=\mathrm{SOC_C}(t-1)-\dfrac{P_{CD}(t)\Delta t}{E_{Cn}\eta_{CD}}, P_{CD}(t)>0 \end{cases} \tag{4-45}$$

式中，$P_{BC}(t)$、$P_{BD}(t)$分别为蓄电池在 t 时刻的充电、放电功率（kW）；$P_{CC}(t)$、$P_{CD}(t)$分别为超级电容器在 t 时刻的充电、放电功率（kW）；η_{BC}、η_{BD} 分别为蓄电池的充电、放电效率（%），η_{CC}、η_{DD} 分别为超级电容器充电、放电效率（%）。

$$\begin{aligned}\mathrm{SOC}_{\mathrm{B,min}} \leqslant \mathrm{SOC}_{\mathrm{B}}(t) \leqslant \mathrm{SOC}_{\mathrm{B,max}} \\ \mathrm{SOC}_{\mathrm{C,min}} \leqslant \mathrm{SOC}_{\mathrm{C}}(t) \leqslant \mathrm{SOC}_{\mathrm{C,max}}\end{aligned} \tag{4-46}$$

式中，$SOC_{B,min}$和 $SOC_{B,max}$分别为蓄电池的最小荷电状态和最大荷电状态；$SOC_{C,min}$和 $SOC_{C,max}$分别为超级电容器的最小荷电状态和最大荷电状态。

（3）由于蓄电池过度充放电会损坏电池，因此对与蓄电池的充放电功率进行约束。

$$\begin{cases} -P_{\mathrm{BC}}(t) \leqslant P_{\mathrm{BC,max}} \\ P_{\mathrm{BD}}(t) \leqslant P_{\mathrm{BD,max}} \end{cases} \tag{4-47}$$

式中，$P_{BC,max}$、$P_{BD,max}$分别为蓄电池最大充电、放电功率（kW）。

4. 评价指标

为了更好地对风光储系统进行综合性评价，本节建立综合性评价指标，从系统的经济性与稳定性等方面进行分析，如式（4-48）所示：

$$\mathrm{CEI} = \alpha \times \frac{\mathrm{LPSP}}{\mathrm{LPSP}_{\mathrm{max}}} + \beta \times \frac{\mathrm{LCC}}{\mathrm{LCC}_{\mathrm{max}}} + v \times \mathrm{SF} + \delta \times \mathrm{FI} \tag{4-48}$$

式中，CEI为综合性评价指标；α为负荷缺电率所占整个综合性评价指标的权重（%）；LPSP与 $LPSP_{max}$分别为负荷缺电率（%）以及负荷缺电率最大值（%）；β为风光储系统生命周期成本占整个综合性评价指标的权重（%）；LCC与 LCC_{max}分别为风光储系统生命周期成本以及风光储系统生命周期成本最大值；v为风光储系统可持续性指标占整个综合性评价指标的权重（%）；SF为风光储系统可持续性指标；δ为风光储系统灵活性指标占整个综合性评价指标的权重（%）；FI为风光储系统灵活性指标。

$$\mathrm{SF} = \gamma \times \frac{\mathrm{CO_2}}{\mathrm{CO_{2,max}}} + \theta \times \frac{\mathrm{RU}}{\mathrm{RU}_{\mathrm{max}}} \tag{4-49}$$

式中，CO_2与 $CO_{2,max}$分别为 CO_2减排量（t）和 CO_2减排量最大值（t）；

γ 为 CO_2 减排量占风光储系统可持续性指标的权重（%）；RU 与 RU_{max} 分别为资源利用率（%）和资源利用率的最大值（%）；θ 为资源利用率占风光储系统可持续性指标的权重（%）。

$$\mathrm{FI}=\varepsilon\times\frac{\mathrm{ARV}}{\mathrm{ARV_{max}}}+\varphi\times\frac{\mathrm{ESE}}{\mathrm{ESE_{max}}} \tag{4-50}$$

式中，ARV 为系统适应风光波动的能力（%），ARV_{max} 为其最大值（%）；ε 为系统适应风光波动能力占风光储系统灵活性指标的权重（%）；ESE 为风光储系统效率（%），ESE_{max} 为其最大值（%）；φ 为风光储系统效率占风光储系统灵活性指标的权重（%）。

$$\mathrm{ARV}=1-\frac{\sum_{t=1}^{T}\left|\int e_t f(e_t)\right|}{\sum P_{\mathrm{true}}(t)} \tag{4-51}$$

式中，e_t 与 $f(e_t)$ 分别为 t 时刻风电、光伏功率预测误差（kW）与预测误差概率密度函数。

$$\mathrm{ESE}=\frac{E_{\mathrm{out}}}{E_{\mathrm{in}}} \tag{4-52}$$

式中，E_{out} 与 E_{in} 分别为风光储系统放电量（kW·h）与充电量（kW·h）。

5. 算例分析

在对人工鱼群进行初始化时，设置种群规模为 10，最大试探次数为 100，感知距离为 5 m，拥挤度因子为 0.3，移动步长为 0.3 m，最大迭代次数为 100，以此得到最优解，其中包括蓄电池和超级电容器的个数、生命周期成本。对人工鱼群进行初始化之后，对鱼群视野范围（Visual）、移动步长（Step）和拥挤度因子（δ）的值进行改进。

在本节中，混合储能系统由蓄电池和超级电容器组成。蓄电池和超级电容器的具体参数如表 4-8 与表 4-9 所示。蓄电池荷电状态与超级电容器的荷电状态 SOC 的最大值和最小值分别取 0.1 和 0.9，初始荷电状态 SOC 值取 0.5。

（1）蓄电池具体参数。

表 4–8　蓄电池参数

参数名称	参数值	参数名称	参数值
额定电压	3.7 V	购买成本	20 元
额定容量	2600 mAh	安装成本	不计
充电效率	90%	维修成本	免维护
放电效率	88%	循环寿命	500 次

（2）超级电容器具体参数。

表 4–9　超级电容器参数

参数名称	参数值	参数名称	参数值
额定电压	2.7 V	最大工作电流	1500 A
电容	3000 F	最小工作电压	0.8 V
购买成本	300 元	运行系数	0.01
充电效率	97%	循环寿命	500000 次
放电效率	97%		

本节通过具有实际意义的算例优化混合储能容量配置，旨在验证所提风电、光伏不确定性容量优化配置模型的有效性和适用性。这些算例不仅考虑了风电、光伏能源出力的随机性和波动性，还融合了电力系统运行的多种约束条件，以全面评估优化配置的效果。通过对比分析不同置信水平（分别为 95%、90%、85%、80%）下的优化配置结果，可以深入揭示风电、光伏不确定性对容量配置的影响，为风光储系统的容量

优化配置提供有价值的参考。

风光储系统的稳定性是非常重要的，负荷缺电率作为风光储系统的可靠性指标至关重要。图 4-11 所示为风电、光伏功率预测误差在置信水平为 95%、90%、85%、80%的情况下，风光储系统的蓄电池荷电状态与超级电容器荷电状态（荷电状态的最小值为 0.1，最大值为 0.9）。由图 4-11 可知，由于考虑了风电、光伏功率预测误差，在优化过程中置信水平越高，负荷缺电率就越高。这也说明了置信水平越高，风光储系统所表现出的对系统稳定性的要求越高，从而可以推断出对混合储能容量配置要求就越高，因此费用也会随之增加。

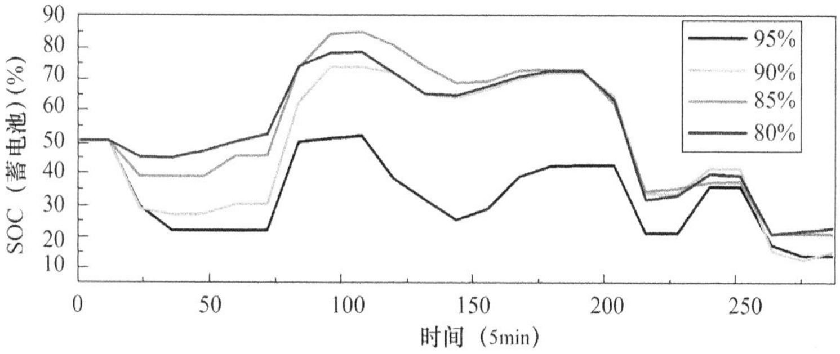

(a) 蓄电池

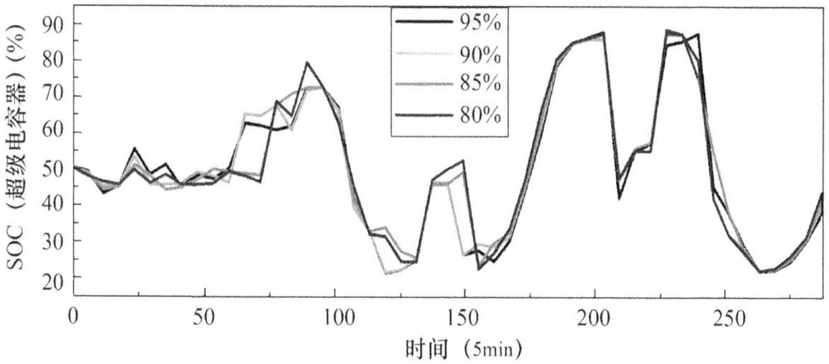

(b) 超级电容器

图 4-11　混合储能系统荷电状态

蓄电池以其高能量密度和长时间的供电能力而著称。它们能够存储大量的能量，并在需要时稳定地释放出来，满足设备长时间运行的需求。然而，蓄电池的充电时间较长，且受环境温度和充电速度的影响较大，这在一定程度上限制了其应用。相比之下，超级电容器具有快速充电和放电的能力。此外，超级电容器还具有较长的循环使用寿命和较高的功率密度，在需要快速响应和高功率输出的场合中具有优势。然而，超级电容器的储能容量相对较小，不能满足长时间、大能量的供应需求。

蓄电池过度充放电会损伤电池寿命，而超级电容器则能够在短时间内快速充放电且不会损伤寿命，由图 4-11 能够看出，超级电容器充放电次数明显多于蓄电池。除此之外，置信水平越高，储能系统充放电功率越大，也就越能保证系统的稳定性。在不同置信水平下优化混合储能容量配置的结果如表 4-10 所示，为了量化混合储能系统容量配置的优化结果，本节将对容量配置进行综合性评价。

表 4-10　风光储容量优化配置结果

配置及指标	置信水平			
	95%	90%	85%	80%
蓄电池/个	97	77	54	80
超级电容器/个	175	124	165	159
LCC/元	57 607.3	54 126.0	51 814.6	49 747.2
LPSP	0.00164	0.00146	0.00109	0.00066
SF	0.045	0.038	0.052	0.043
FI	0.0113	0.0156	0.0088	0.0096
综合性评价指标	0.765	0.832	0.082	0.077

由表 4–10 可知，当置信水平为 80%时，风光储系统负荷缺电率最低，为 0.00066。同时，置信水平越高，配置储能容量就需要更加稳定，因此风光储系统生命周期成本就会越高，置信水平为 95%时，生命周期成本最高，为 57 607.3 元。当置信水平为 85%时，风光储系统可持续性指标最高。当置信水平为 90%时，风光储系统灵活性指标最高。但从这四个方面综合评价来看，当置信水平为 90%时，风光储系统综合性评价指标最高，混合储能容量配置为最优。

为了更好地提高风光储系统的经济性、可靠性等，本节提出了一种改进人工鱼群算法（Improved Artificial Fish Swarm Algorithm，IAFSA），通过调整视野范围、移动步长和拥挤度因子等固定参数以提高算法精度，基于改进人工鱼群算法建立风光储系统容量配置优化模型，以计及风电、光伏功率预测不确定性惩罚成本的风光储系统全寿命周期成本（Life Cycle Cost，LCC）最小为优化目标，得出最优风光储系统容量配置。除此之外，本节还建立了综合性评价指标，将风光储混合系统的全寿命周期成本、可靠性指标负荷缺电率（LPSP）、可持续性指标（SF）以及灵活性指标（FI）赋予一定的权重，对风光储系统进行综合分析评价。

此外，本节分析了置信水平为 95%、90%、85%和 80%的风光储系统容量优化结果。当置信水平为 80%时，风光储系统负荷缺电率最低；置信水平为 95%时，系统生命周期成本最高；置信水平为 85%时，系统可持续性指标最高；置信水平为 90%时，系统灵活性指标最高。但从这四个方面综合评价来看，当置信水平为 90%时，风光储系统综合性评价指标最高，混合储能容量配置为最优。同时，本节也验证了改进人工鱼群优化计及风电、光伏功率预测不确定性的风光储系统容量配置的优越性。